中央宣传部2022年主题出版重点出版物

林业草原国家公园融合发展

中国智慧和世界贡献

林 震 | 主编

中国林業出版社
CFPH China Forestry Publishing House

图书在版编目（CIP）数据

林业草原国家公园融合发展. 中国智慧和世界贡献 / 林震主编. —北京：中国林业出版社，2023.10

中央宣传部2022年主题出版重点出版物

ISBN 978-7-5219-2113-7

Ⅰ. ①林… Ⅱ. ①林… Ⅲ. ①国家公园—建设—研究—中国 Ⅳ. ① S759.992

中国国家版本馆 CIP 数据核字（2023）第 004024 号

策　　划：刘先银　杨长峰

策划编辑：许　玮

责任编辑：许　玮

封面设计：北京大汉方圆数字文化传媒有限公司

出版发行：中国林业出版社

（100009，北京市西城区刘海胡同 7 号，电话 83143576）

电子邮箱：cfphzbs@163.com

网址：https://www.cfph.net

印刷：北京中科印刷有限公司

版次：2023 年 10 月第 1 版

印次：2023 年 10 月第 1 次

开本：787mm×1092mm　1/16

印张：15.5

字数：270 千字

定价：98.00 元

中央宣传部 2022 年主题出版重点出版物

林业草原国家公园融合发展

中国智慧和世界贡献

编委会

主　编

林　震

编写人员

林　震　刘先银　费世民　傅光华

王铁军　刘　俊　陈建成　胡理乐

前言

大自然是人类赖以生存发展的基本条件。尊重自然、顺应自然、保护自然，是全面建设社会主义现代化国家的内在要求。必须牢固树立和践行“绿水青山就是金山银山”理念，站在人与自然和谐共生的高度谋划发展。

林业草原国家公园融合发展紧紧依靠人民，不断造福人民，以人民为中心建设美丽中国。推进生态文明建设既是民生也是民意，应坚持林业草原国家公园融合发展的民生导向，为人民群众提供更多生态福祉。

高质量发展是全面建设社会主义现代化国家的首要任务。发展是党执政兴国的第一要务。共同富裕是高质量发展的内在要求，在高质量发展中扎实推进共同富裕，是共同富裕的牢固基石。

习近平总书记提出的“五个追求”指出了生态文明建设的目标及其支撑的“四大支柱”，是新时代我国生态文明建设的指南，为全球生态文明建设提供理念支撑，贡献中国智慧。追求人与自然和谐是生态文明建设的终极目标；追求绿色发展繁荣是生态文明建设的绿色支柱；追求热爱自然情怀是生态文明建设的人文支柱；追求科学治理精神是生态文明建设的科学支柱；追求携手合作应对是生态文明建设的合作支柱。

融合发展和谐共生，见证中国生态文明建设的世界贡献，见证青藏高原人与自然和谐共生的世界贡献。中国人工林建设，见证全球增绿的中国贡献。大熊猫国家公园，见证对濒危物种保护的世界贡献。保护世界自然遗产的中国特色，加快建立以国家公园为主体的自然保护地体系，推进林业草原国家公园融合发展的中国贡献，为全球生态文明建设贡献中国力量。中国生态文明建设为全球可持续发展贡献力量，为构建人与自然生命共同体贡献中国力量，为共建世界生态文明贡献中国力量。

中国智慧，中国经验，既有生态文明建设的制度保障、组织领导、理论根基，又重点体现当代中国特色社会主义思想和制度的优势、中国共产党的领导优势。中国共产党人深刻认识到，只有把马克思主义基本原理同中国具体实际相结合、同中华优秀传统文化相结合，坚持运用辩证唯物主义和历史唯物主义，才能正确回答时代和实践提出的重大问题，才能始终保持马克思主义的蓬勃生机和旺盛活力。实践没有止境，理论创新也没有止境。必须坚持人民至上，坚持自信自立，坚持守正创新，坚持问题导向，坚持系统观念，坚持胸怀天下。根植于中国传统文化的深厚底蕴，蕴含对生态治理需求的深刻观照，传递对人类文明走向的深邃思考。习近平生态文明思想不断丰富、发展、升华，为东方大地带来一场变革性实践，取得举世瞩目的突破性进展和标志性成就。中国实践创造了人类文明新形态，为全球生态文明建设注入源头活水。

本书编委会

2023 年 1 月

目录

前 言

第一章　林业草原国家公园融合发展的中国智慧

第一节　竹藤产业，架起南南合作的桥梁……2
一、基于自然的可持续发展解决方案，促进人与自然和谐共生……4
二、脱贫致富的新技能……10
三、南南合作的新载体……11
第二节　竹产业，加速融入国家发展战略……12
一、中国竹产业发展势头强劲……13
二、“十三五”竹业科技创新成效显著……14
三、竹产业助推经济发展……16
四、加快推进竹产业高质量发展的实践……17
第三节　以绿色发展理念推进生态文明建设……25
一、绿色发展契合了生态治理的人与自然和谐共生……25
二、绿色发展创新了生态治理体制机制……30
三、在绿色发展中推进生态治理，增进民生福祉……32
第四节　体制生态自觉构建内生动力源……35
一、不断探索生态文明建设和经济社会发展的辩证关系……35
二、系统构建生态建设的法律和制度体系……36
三、可持续发展理念与国际接轨阶段……37
四、走向社会主义生态文明新时代……40
第五节　全面完成生态文明治国体系构建……42
一、生态文明制度体系……42
二、赋予林草业生态文明建设主体地位……46
三、林业生态文明建设体系不断完善……54
第六节　生态问责丰富了生态文明体系内涵……74
一、千岛湖临湖地带违规搞建设……76

二、新疆卡山自然保护区违规“瘦身” 83
三、甘肃祁连山自然保护区生态环境破坏 91
四、秦岭北麓西安段圈地建别墅 103

第二章 林业草原国家公园融合发展的民生福祉

第一节 紧紧依靠人民 不断造福人民 112
一、以人民为中心建设美丽中国 112
二、推进生态文明建设既是民生也是民意 116
三、为人民群众提供更多生态福祉 116
四、坚持林业草原国家公园融合发展的民生导向 118
第二节 在高质量发展中扎实推进共同富裕 122
一、共同富裕是高质量发展的内在要求 122
二、高质量发展是共同富裕的牢固基石 124
三、以高质量发展推进共同富裕 126
四、推进绿色发展，实现生产方式和生活方式转型 128
第三节 以习近平生态文明思想为指导建设美丽中国 131
一、全面完成生态文明治国体系构建 131
二、退耕还林工程诠释“绿水青山就是金山银山” 150
第四节 绿色发展实现绿色资源价值变现 169
一、生态文明理念引领绿色融合发展 170
二、林业生态和产业融合发展催生新业态 176

第三章 林业草原国家公园融合发展的世界贡献

第一节 “五个追求”引领林业草原国家公园融合发展 198
一、追求人与自然和谐是生态文明建设的终极目标 198
二、追求绿色发展繁荣是生态文明建设的绿色支柱 201
三、追求热爱自然情怀是生态文明建设的人文支柱 204
四、追求科学治理精神是生态文明建设的科学支柱 205
五、追求携手合作应对是生态文明建设的合作支柱 206
第二节 融合发展和谐共生：见证中国生态文明建设的世界贡献 207
一、青藏高原人与自然和谐共生的世界贡献 207
二、中国人工林建设：全球增绿的中国贡献 210
三、大熊猫国家公园对濒危物种保护的世界贡献 212
第三节 保护世界自然遗产推进林业草原国家公园融合发展 218

一、保护世界自然遗产的中国贡献……218
二、保护世界自然遗产的中国特色……219
三、加快建立以国家公园为主体的自然保护地体系……220
第四节 为全球生态文明建设贡献中国力量……221
一、中国生态文明建设为全球可持续发展贡献力量……221
二、为构建人与自然生命共同体贡献中国力量……226
三、为共建世界生态文明贡献中国力量……229

参考文献……232

第一章

林业草原国家公园融合发展的中国智慧

第一节　竹藤产业，架起南南合作的桥梁

国际竹藤组织是第一个总部设在中国的政府间国际组织，是全球唯一一家针对竹和藤这两种非木质林产品的国际发展机构和国际商品机构。1997 年 11 月 6 日，国际竹藤组织由中国、加拿大、孟加拉国、印度尼西亚、缅甸、尼泊尔、菲律宾、秘鲁和坦桑尼亚 9 国共同发起并签署《成立国际竹藤组织的协定》而成立，总部设在中国北京，目前拥有成员国 50 个、观察员国 3 个，并在亚非拉设有 5 个区域办事处。

东道国：中国。成员国：阿根廷、埃塞俄比亚、不丹、巴基斯坦、秘鲁、布隆迪、贝宁、巴拿马、巴西、多哥、厄瓜多尔、厄立特里亚、斐济、菲律宾、古巴、刚果（布）、刚果（金）、哥伦比亚、加纳、加拿大、柬埔寨、喀麦隆、肯尼亚、利比里亚、卢旺达、缅甸、马达加斯加、孟加拉国、马拉维、马来西亚、莫桑比克、尼泊尔、尼日利亚、塞拉利昂、斯里兰卡、苏里南、

迈向碳中和之路，助推绿色经济发展（国际竹藤组织　供图）

塞内加尔、泰国、汤加、坦桑尼亚、乌干达、委内瑞拉、印度、印度尼西亚、牙买加、越南、乍得、中非共和国、智利。

国际竹藤组织的使命是，在保持竹藤资源可持续发展的前提下，通过联合、协调和支持竹藤的战略性及适应性研究与开发，增进竹藤生产者和消费者的福利。

国际竹藤组织通过开创性的竹藤应用，在环境和生态保护、扶贫与促进全球公平贸易方面发挥着独特的作用。国际竹藤组织是联合国大会观察员、里约三公约观察员，也是世界自然保护联盟及"一带一路"绿色发展国际联盟成员，已成为促进南南合作与南北对话、助力"一带一路"建设和实现联合国2030年可持续发展议程的重要国际合作伙伴和发展平台，也是促进国内国际双循环的重要平台。

国际竹藤组织的成立和发展受到东道国中国政府的一贯大力支持。中国政府为国际竹藤组织专门成立中方协调领导小组，建造了总部办公大楼，并成立了国际竹藤中心支持国际竹藤组织开展研究、国际交流和培训等活动，为促进国际竹藤组织的顺利运作和发展发挥了至关重要的作用。

竹藤是全球重要的两种非木质森林资源，不仅分布广、生长快、用途广，而且有助于涵养水源、保持水土、调节气候等，具有重要的生态、经济和文化价值。竹藤是公认的扶贫和环境保护相结合的理想资源，竹笋、竹材、竹林复合经营具有巨大的经济效益；竹林四季常青，根系发达。发展竹产业对建立竹藤全球伙伴关系意义重大，能为促进竹藤资源可持续利用，消除贫困、环境保护和全球合作等联合国千年目标作出贡献。

"花中四君子""岁寒三友"——千百年来，中国人爱竹、颂竹、吃竹、用竹，留下了无数关于竹的诗词文赋，成为中国传统文化瑰丽的一部分。竹不仅具有精神内涵，也是一种极为实用的资源。苏东坡曾说："食者竹笋，庇者竹瓦，载者竹筏，爨者竹薪，衣者竹皮，书者竹纸，履者竹鞋，真可谓一日不可无此君也耶？"

中国是世界上认识和利用竹子最早的国家。除了沿用数千年的竹制日用品，随着现代科技的进步，竹子的功能也得到延展：充满质感的竹制鼠标和键盘，透气亲肤的竹纤维衣服，能够"以竹代钢"的竹制车厢底板……自20世纪90年代以来，中国竹产业向精加工转变，竹产品开始走向高端化，竹产业年产值已达到3000亿元人民币，成为中国林业朝阳产业之一。

梅里十三峰日照金山全景（杨旭东 摄）

从全球来看，竹资源广泛分布于热带、亚热带和暖温带地区，按地理分布可分为亚太竹区、美洲竹区和非洲竹区。与竹功用类似的藤是一种棕榈藤类热带和亚热带植物，分布于热带及其邻近地区。这些地区多为发展中国家，竹藤成为南南交流合作的天然载体，竹藤产业的潜力逐渐被挖掘。

一、基于自然的可持续发展解决方案，促进人与自然和谐共生

促进人与自然和谐共生，建设人与自然和谐共生的现代化，是党的二十大报告赋予中国式现代化的本质要求和基本特征。大自然是人类赖以生存发展的基本条件。尊重自然、顺应自然、保护自然，是全面建设社会主义现代化国家的内在要求。必须牢固树立和践行“绿水青山就是金山银山”的理念，站在人与自然和谐共生的高度谋划发展。中国是世界上竹类资源最丰富、竹子栽培历史最悠久的国家，素有“竹子王国”的美誉。

国际竹藤组织一直致力于竹藤资源可持续发展，中国持续支持国际竹藤组织工作的发展。国际竹藤组织成立二十五周年志庆暨第二届世界竹藤大会于 2022 年 11 月 7 日至 8 日在北京召开，中国国家主席习近平向大会致贺信，这将加快推动中国竹产业的先进技术经验走向世界，促进全球绿色发展，在倡导命运共同体方面起到重要作用。

2022 年 11 月召开的第二届世界竹藤大会以“竹藤——基于自然的可持续发展解决方案”为主题，旨在推动竹藤产业健康发展，助力实现“双碳”目标，探索竹藤发展新机遇，打造竹藤对话新平台。

中国政府和国际竹藤组织在大会开幕式上共同发布的“以竹代塑”倡议，是基于日益严重的塑料污染问题威胁人类健康而提出的。根据联合国环境规划署发布的评估报告，在全世界总计生产出的92亿吨塑料制品中，约有70亿吨成为塑料垃圾，这些塑料垃圾的回收率不足10%。塑料垃圾不仅对海洋生态系统、陆地生态系统造成严重危害，而且加剧了全球气候变化。减少塑料污染，迫在眉睫。

近年来，国际社会相继出台相关禁塑限塑政策，提出禁塑限塑时间表：中国于2020年发布了《国家发展改革委 生态环境部关于进一步加强塑料污染治理的意见》，鼓励减少塑料消费，推广生物可降解塑料的替代制品；欧盟于2021年启动实施全面禁塑法令。截至目前，已有140多个国家明确制定或发布相关禁塑限塑政策。实践表明，寻找塑料替代品是减少塑料使用、减轻塑料污染，从源头解决问题的有效途径。竹子作为绿色、低碳、可降解的生物质材料，在这一领域大有可为。

2022年6月24日，全球发展高层对话会在金砖国家领导人第14次会晤期间举行，会议通过主席声明，包括32项成果清单，其中国际竹藤组织提出的“以竹代塑”倡议被列入会议成果清单，并将由中国和国际竹藤组织共同发起，以减少塑料污染，应对气候变化。

2022年9月20日，在纽约联合国大会期间举行的“全球发展倡议之友小组”部长级会议上，中国政府宣布为落实全球发展倡议和联合国2030年可持续发展议程而采取的七大行动，其中包括中国政府“同国际竹藤组织共同启动制定‘以竹代塑全球行动计划’，有效治理塑料污染，还子孙后代一个清洁美丽的地球家园”。

为积极响应“以竹代塑”倡议，2022 年 7 月 28 日，国际竹藤中心和国际竹藤组织启动了“以竹代塑创新产品研发和应用”项目，该项目将重点研究和开发竹质吸管、竹缠绕复合管及模压异型钩件、竹浆模塑包埋盒的关键技术，并评估这些竹产品的性能。国际竹藤组织也将启动面向成员国的“以竹代塑项目”，包括竹子基因、竹林培育、化学分析、产品研发等关键技术。

在国际竹藤组织的主持下，一场有关竹炭的专题研讨会在“云端”举行。埃塞俄比亚竹制品企业家阿达内同来自浙江农林大学和国际竹藤中心的中国专家通过网络视频会议，研讨竹炭能源的推广和发展。“中国专家水平真高。”会后，阿达内竖起了大拇指：“这次网络研讨会让我学到很多关于竹炭和竹颗粒燃料的新知识，看到了新商机，希望能进一步向中国专家学习。”

竹炭在非洲市场不小。长期以来，在非洲撒哈拉以南地区，农村主要以砍伐木材作为燃料，对森林造成严重破坏，导致水土流失和荒漠化。木炭燃烧还释放大量温室气体，对气候造成不利影响。相较而言，竹子是一种高效燃料来源，可制成炭，是木炭的良好替代。竹子的木质茎生长迅速，可以年年砍伐、年年更新。此外，竹炭具有吸附浮游物质、自动调湿等作用，可用于材料工业、建筑涂料加工业、食品工业等，有广泛的市场需求。

在乌干达，当地企业家那巴韦西也嗅到了竹子的商机，于 2016 年创立了神竹公司，主要生产竹苗和竹炭。同年，由国际竹藤组织和中国政府、荷兰政府合作的“东非竹产业价值链开发项目”正式启动，神竹公司积极参与。该项目旨在帮助东非国家发掘本土竹资源潜力，通过竹产业发展促进区域绿色经济发展、应对环境退化和消除贫困。

“我们的产品很有竞争力。”那巴韦西和记者算起了账：在首都坎帕拉，一袋 50 千克的木炭售价为 27 美元，而同样重量的竹炭售价仅为其一半。不仅如此，竹炭更耐烧，这大大减少了民众生火做饭的经济压力。许多当地农民了解到竹子的奇妙用途后，开始索取竹苗种植，更多树木被保留下来，许多荒地变成了竹林。

同样在“东非竹产业价值链开发项目”的支持下，阿达内的公司将发展重点放在了竹制品上。他的企业最初用人工生产竹香芯，但竞争力不强。后来，他来到中国学习技术、引进机器，拓展了竹制品生产种类，如牙签、竹帘、竹地板、竹纸等，大大提高了企业收入。竹炭生产则能充分利用竹子的边角废料，进一步提高了企业的综合效益。

在 2018 年中非合作论坛北京峰会上，中国提出实施绿色发展行动，并将“建设中非竹子中心，帮助非洲开发竹藤产业”作为措施之一。近年来，中方在埃塞俄比亚援建中非竹子中心，开展综合科研和培训，帮助非洲开发竹藤产业。埃塞俄比亚拥有竹林面积约 147 万公顷，占非洲竹资源的 20% 左右。该国环境、森林和气候变化委员会高级林业专家文蒂姆表示：“在中国的学习

合江县竹林基地

让我对非洲的竹子产业充满信心。现在，埃塞俄比亚已经正式实施首个竹子开发和利用战略，以促进绿色发展，创造就业机会。”

在绿色可持续发展战略和乡村振兴战略体系中，减少塑料消费，推广塑料的替代制品一直是核心命题。在近期国家林业和草原局举行的发布会上，“以竹代塑”的产业话题再次引起各方热议。

随着国家十部委《关于加快推进竹产业创新发展的意见》出炉，以现代竹产业体系实现美丽乡村建设与可持续发展的路线得到各方认同，竹产业发展前景大好。权威机构分析认为，预计到 2025 年，我国竹产业总产值将突破 7000 亿元，到 2035 年，全国竹产业总产值将超过 1 万亿元。

（一）“以竹代塑”符合全球环保主旋律

“白色污染”一直是环保事业中面临的一大难题。从可持续发展角度来说，“以竹代塑”符合当下全球环保主旋律。和塑料制品相比，竹制品是优质的可再生、可循环、可降解的环保材料。特别是随着相关科技与工艺越来越发达，经加工的各类竹制材料强度高、韧性好、硬度大、可塑性佳，不仅可以直接替代部分不可生物降解的塑料制品，甚至还可以广泛应用到建筑建材、水利交通、家具用品以及工业生产等多个领域。尤其是在绿色低碳发展背景下，竹材作为可再生绿色资源，具备“一次栽培，永续利用，生长速度快、经营成本低、固碳能力强”的优势，更有利于大规模推广应用。

甚至，从目前的应用领域来看，竹制品在涵养水源、保持水土、调节气候、净化空气方面体现出的生态价值，同样可以媲美商业价值。实测显示，竹林的固碳能力为杉木的 1.46 倍，热带雨林的 1.33 倍。在我国，竹林每年可以减碳 1.97 亿吨、固碳 1.05 亿吨。放眼全球，如果每年以 6 亿吨竹子替代聚氯乙烯（PVC）产品，全球每年可以减少碳排放 40 亿吨。因此，在“双碳”背景下，“以竹代塑”势在必行。值得一提的是，我国施行“以竹代塑”战略有着得天独厚的优势。一方面，我国竹资源丰富，现有竹子品种 600 余种，遍布福建、江西、浙江等 16 个省份，竹林地面积超过 700 万公顷。另一方面，我国竹产业发展很早，已经有了雄厚的产业基础。无论是美化环境、减碳固碳，还是发展经济、增收致富，“以竹代塑”都是前景广阔的绿色产业、富民产业和幸福产业。

（二）竹产业渐成多地支柱产业

从产业发展格局来看，目前我国的竹产业已经横跨一、二、三产业，涵盖竹建材、竹日用品、竹工艺品等多个细分类别，相关产品品种达到上万个。尤其是在产业链下游应用市场，竹产品已广泛应用于建筑、运输、包装、家具、装饰、纺织等领域。随着进入赛道的企业越来越多，叠加一系列利好政策，竹产业拉动地方经济增长、助推农民增收致富的作用越来越明显。尤其是在永安等竹资源丰富的地区，竹产业已经成为地方经济支柱产业和农民主要收入来源。

当然，从产业的发展趋势来看，我国竹产业至今还存在创新能力不足、质量效益不高、资源利用不充分、政策保障不到位等问题。尤其是在企业端，数据显示，目前国内从事竹产业的企业已经达到上万家，但头部企业数量偏少，市场以中小微企业为主，产业集中度不高，很多企业创新能力与抗风险能力不足，亟待政策、资金、技术的赋能与支持。

从长远来看，竹产业在一、二、三产业各个领域的应用还在不断延伸，在解决核心技术的前提下，未来发展依然不可限量。尤其是在材料市场领域，竹材质量轻、强度高、绿色环保的优势非常突出，但普遍存在易腐、易蛀、易老化的问题，这主要是因为竹子含有丰富的糖分、淀粉、氨基酸、蛋白质等营养物质。近年来，国内很多企业和科研机构在竹材防腐领域不断取得新突破，尤其是纯物理化处理，已经成为解决竹材储存及原竹材工业化应用的最佳办法。其中，来自中山大学、湖南工业大学、建中科技的专家团队共同研发了智能数控碳化成形专利技术设备，可以大幅提高竹材的生产效率和优良品率。

在政策层面，2021 年 9 月 16 日，《国家发展改革委、生态环境部关于印发“十四五”塑料污染治理行动方案的通知》就明确提出，要减少塑料制品的使用和生产，并推广塑料替代产品。随着竹材利用的科技创新不断延伸，竹子的应用也将更加广泛。无论是在城乡生活、工业生产、建筑建材、纺织造纸，还是在涉及衣食住行的各行各业，竹产业都能找到融合交集，孕育出庞大的蓝海市场。

（三）新兴竹业态竞争优势明显

在国内主打竹产业的头部企业中，龙竹科技与永安林业起步早，投入大，战略规划清晰精准，目前在竹产业高质量发展的进程中也展现出了强大的先发优势。

以竹为主材的高新技术企业龙竹科技集团股份有限公司是北交所竹制品

第一股，多年来专注竹材料研发、产品设计、生产及销售，和宜家等国内外知名企业建立了长久合作关系。龙竹科技围绕“以竹代塑”和“以竹代木”两大核心战略，在技术研发和产能扩容领域取得重大突破。其中，产能为5000立方米的竹展开材料生产线、年产25万套多组合竹层架系列产品生产线、年产3000万支竹青衣架系列产品生产线、年产5000万支竹吸管系列产品生产线先后投入使用。在“以竹代塑”背景下，企业的核心产品竹吸管市场前景看好。

坐拥得天独厚的产业环境，永安林业经过多年发展，已成为集“森林培育与综合利用、人造板研产销”于一体的综合企业集团。2021年，国资委管理的唯一一家林业央企——中国林业集团成为其控股股东，也进一步提升了企业的整体实力。目前，永安林业“林板一体化”的产业定位十分明确，企业在持续增加林地经营面积，提高林地经营质量的同时，正在探索森林碳汇等生态价值实现路径。尤其是其人造板产业，在竹产业市场风生水起。此外，永安林业还拥有大批林业碳汇项目，目前正积极参与福建林业碳中和试点建设，将围绕竹产业绿色发展开辟出新的产业蓝图。

二、脱贫致富的新技能

在加纳库马西市动物园附近的商业街上，40多岁的尼那莫雷·奥比巴正在竹器店里打造家具。新冠病毒疫情防控期间，游客虽然比往常少了很多，但附近的居民常来光顾。他制作出售桌椅、沙发、床等各类竹藤制品，还能按照客户要求定做。从1990年学艺算起，奥比巴在这一行已经干了30年，是当地有名的手艺人。

“过去，我做的竹家具都是直接出售，通过学习，我发现了精加工的重要性。对家具进行打磨、抛光、上漆，不仅让外观更漂亮，还可以提升家具的强度和寿命。”奥比巴告诉记者，自从参加了国际竹藤组织和中国的合作培训项目后，他的技艺得到很大提高，收入也大大增加。

奥比巴的朋友乔治·萨尔朋来自加纳博诺省，也是一名竹制品手艺人，他参加了2016年在四川省青神县举行的培训。“中国师傅技艺高超，在他们的悉心指导下，我用两个月时间学会了立体竹编、平面竹编、竹家具制作等技术。当时真舍不得离开！”在中国接受培训后，萨尔朋自己也当上了师傅：

“我在家乡向村民宣传竹子的神奇，现在已经收了35个徒弟，他们也都有了自己的买卖。我希望把从中国学到的知识传授给更多年轻人，让他们获得谋生技能。”过去两年，中国的竹艺专家专程到加纳开展培训，让当地从业者在国内就能学到技术。

在非洲，有许多像奥比巴和萨尔朋一样的手艺人得到国际竹藤组织“非洲生计发展项目”的帮助。该项目得到中国的大力支持，旨在以技术培训帮助非洲小农户参与到竹产品价值链中。加纳土地自然资源部副部长班尼托·奥乌苏－比奥高度评价中非在竹产业上的教育培训合作：“希望更多加纳人能从中国学到竹制品加工技术和经验，为加纳和非洲的竹藤产业发展作出贡献。”

随着竹产品的商业开发兴起，竹子种植者和采伐者也迎来机遇。在加纳，为了避免野生竹林在砍伐时遭到破坏，影响资源的可持续利用，国际竹藤组织利用中国经验，面向加纳农村地区提供收割技术培训。目前，已有近百名农户接受培训，学习保护、种植、采伐、管理竹林。

三、南南合作的新载体

在厄瓜多尔农村，竹子搭建的阁楼和小桥随处可见。这里用到的瓜肚竹为南美地区的特色竹种，是良好的建筑材料。2018年，厄瓜多尔制定了“2018—2022年竹子战略”，加大竹林种植面积，培育壮大竹产业链。2019年，中国为该国组织了3期竹子加工技术培训，一期在中国，两期在厄瓜多尔。培训工作由国际竹藤中心承办。该中心是中国政府为支持国际竹藤组织履行使命而专门成立的科研、管理与培训机构。中心援外培训主任代洪海告诉记者，去厄瓜多尔开展培训前，中方先派专家做实地调研，了解当地资源情况和立地条件，做出具体的培训方案。“比如，对方提出学习竹编技术，我们就去当地了解适合的竹种类型，这样他们能就地取材而无须引进新竹种。”

竹编是一门技术，也是一门艺术。为了让编织图案更好地融入本土文化、获得市场认可，包括竹编非遗传承人在内的中国培训专家到当地博物馆了解对方文化中特有的元素，再用竹编展示出来。当地学员非常珍惜学习机会，学得格外用心。年近60岁的何塞从事旅游服务工作，每天骑摩托车参加培训，往返要4小时。为什么费这么大工夫来学习竹编？何塞说得很实在：“竹工艺品可以卖给游客，能有不错的销路。中国专家教的这些技艺能给我带来很大收益，所以我一定要来学。”快结业的时候，从不缺课的何塞突然请了两天假。原来，他收到了 500 个竹编包订单，要赶去和企业签约。

短短 45 天，培训取得了预期的成果：学员们能用竹子制作花架、书架，编织双层果篮、灯罩、饰品。中国专家教授的人字形、十字形、六边形、星点编织花纹极大美化了产品外观，提高了产品附加值。

近年来，受疫情影响，线下培训项目基本无法开展。去不了海外，代洪海就在线上同培训过的外国学员保持密切联络，为他们答疑解惑。不久前，加纳老学员迈克尔发现了一款竹条分层机对生产很有帮助，代洪海看到他发来的图片后，自掏腰包从浙江一家工厂为他订购了一台。“只要他们能用学到的技术增加收入，带动当地竹产业发展，我们的工作就很有意义。”

2005 年以来，国际竹藤中心已承办了 52 期竹藤和荒漠化领域培训班，向世界分享中国发展竹藤产业的成功经验，来自 80 多个国家的政府官员和学员参加了学习。此外，中国还向孟加拉国和斯里兰卡等地输出竹笋生产、加工、销售技术经验；在世界范围建立竹预制房开发和市场化体系，促进竹资源在环保建筑房屋中的大规模应用；牵头成立国际标准化组织竹藤技术委员会，推动竹藤国际标准化发展，便利全球竹藤贸易……绿色的竹藤产业，正架起南南合作的桥梁，推动建设更加美丽的世界。

第二节　竹产业，加速融入国家发展战略

党的十八大以来，以习近平同志为核心的党中央对生态文明建设作出一系列重大战略部署，将建设生态文明作为中华民族永续发展的根本大计，把坚持人与自然和谐共生纳入新时代坚持和发展中国特色社会主义基本方略，把建设美丽中国纳入全面建设社会主义现代化强国目标。竹子作为保障国家绿色发展的战略资源，生长快、周期短、用途广、一次种植永续利用，已成为我国加快国土绿化、改善生态环境的重要造林绿化树种和美化观赏树种。竹产业已成为具有中国资源优势、文化特色和技术亮点的朝阳产业，在助力“双碳”目标、实现乡村振兴、建设美丽中国、助推“一带一路”等方面发挥

着重要作用。

一、中国竹产业发展势头强劲

“十三五”期间，我国竹产业发展突飞猛进，在竹资源储量、产业规模和科研水平等方面实现了量的增长，为“十四五”时期乃至更长时期的高质量发展奠定了基础。

（一）竹资源总量稳步增加

据《世界竹藤名录》（*World Checklist of Bamboo and Rattan*）统计和第九次全国森林资源清查结果，全球竹类植物 88 属 1642 种，面积 5000 多万公顷，资源极为丰富。其中，中国拥有竹类植物 39 属 837 种，约占世界总量的 50%；竹林面积 641.16 万公顷，占林地面积的 1.98%，占森林面积的 2.94%，约占世界竹林总面积的 12.8%，广泛分布在福建、江西、湖南、浙江、四川、广东、安徽、广西等 17 个省份。与第八次森林资源清查相比，全国竹林面积增长 6.75%。据第三次全国国土调查主要数据公报，竹林面积 701.97 万公顷，占林地面积的 2.47%。数据显示，我国竹林面积持续增长。

（二）竹产业产值再创新高

“十三五”时期是国内脱贫攻坚战的关键期，重点竹产区注重一、二、三产业联动发展，积极探索竹林复合经营新模式，发展竹资源及其剩余物加工利用产业，抓好文旅融合发展，大幅提升了竹林综合效益，让竹产业成为精准扶贫和林业发展的“双增”抓手。竹产品已形成 100 多个系列上万种产品，应用于建筑、交通、水利、家居、造纸、纺织、化工、轻工、食品和医药等领域，新产品、新技术不断涌现。目前，国内已有上万家竹加工企业，竹产业直接就业人员千万余人。2020 年，我国竹产业总产值达 3217.98 亿元。

（三）竹领域研发持续加强

中国是世界竹产业技术研发强国。从“十五”时期开始，国家不断加大竹产业科研投入力度，“十三五”期间，围绕竹资源利用全产业链，以提质增效为主线，部署了“竹资源全产业链增值增效技术集成与示范”“竹材高值化加工关键技术创新研究”“竹资源高效培育关键技术研究”等项目，投入超过 1 亿元，与“十二五”时期相比增加约 45%。深入剖析竹产业全产业链各个环节中关键技术环节与瓶颈问题，开展了竹种苗高效繁育、竹林规模化培育、竹材高值化连续化加工等关键技术研究，取得了一系列重要成果，为竹产区脱贫攻坚、乡村振兴以及国家“一带一路”倡议提供了有力支撑。迄今我国拥有竹子相关专利 8000 多件，约占世界的 50%；拥有竹子相关国家和行业标准 173 项，占世界竹子标准总量的 85% 以上。

二、“十三五”竹业科技创新成效显著

为解决“竹资源全产业链科技创新”技术瓶颈，推动产业转型升级，“十三五”期间，竹藤科技工作者时刻牢记使命，按照“自主创新、重点跨越、支撑发展、引领未来”的方针，以项目为依托，从源头进行竹苗高质扩繁与高效培育，同时聚焦竹材高值化加工关键技术创新，并以竹林生态建设和传统产业转型升级作为振兴乡村经济增长点，创新“政产学研用商金”跨界融合管理模式，取得了一系列重大关键技术突破。

（一）竹类种质资源保护体系日趋完善

建设种质资源保存库，收集保存重要竹藤花卉种质资源超过 500 种；构建了包含 550 余种竹藤分类学、生物学、解剖特征图谱、基础材性数据的竹藤种质资源基础信息数据库 1 个。出版了《世界竹藤名录英文版》和《中国竹类植物图鉴》，首次对全球已知竹藤种质进行了科学归类、品种认定和地理分布识别，填补了竹藤分类研究领域的空白。

（二）竹类植物基因组学研究不断突破

继 2013 年成功破解世界首个竹子全基因组信息“毛竹全基因组草图”，填补了世界竹类基因组学研究空白之后，2018 年又首次破译 2 种棕榈藤全基因组信息，并发起全球竹藤基因组计划，标志着中国在竹藤基因组学研究领域处于领跑地位。2020 年开创性地在竹藤花卉领域开展航天诱变育种研究与试验，并在北京市延庆区挂牌成立“竹藤花卉航天育种研发中心”，力争实现林草花卉新种质的创制。

（三）竹林培育关键技术体系完成构建

突破了我国主要经济竹种养分靶向管理、促笋增产和短伐期经营等精准培育技术瓶颈，创新了竹林采伐培育技术新模式。探明了竹林长期生产力保持机制，在竹林长期生产力维持、沿海沙地竹种筛选和培育、竹林高抗性培育技术等方面取得技术突破。建立了竹林病虫害网络信息平台，明确了竹林

害虫对经营干扰的响应机制，创新集成了竹林重大病虫害安全高效综合治理技术，为竹产业的健康持续发展提供了保障。奠定了竹资源遥感监测地物光谱学基础，实现了竹资源历史、现状数据的高效获取与动态监测，为竹资源经营管理提供数据支撑。研究成果“竹资源高效培育关键技术”获 2020 年国家科学技术进步奖二等奖。

（四）竹林碳汇领域技术瓶颈成功解决

研发了竹林增碳、减排、稳碳、协同的四大关键技术，显著提升竹林净碳汇能力。还突破竹林碳汇计量方法和特征参数缺失的难题，研发出 5 项国家、国际标准的竹林碳汇项目方法学，填补了国内外空白，解决了竹林碳汇进入国内、国际碳减排市场的技术瓶颈。研究成果“竹林生态系统碳汇监测与增汇减排关键技术及应用”获 2017 年国家科学技术进步奖二等奖。

（五）竹纤维力学表征与应用世界领先

植物细胞壁的力学性能与其生长和高效利用密切相关，但细胞壁尺寸微小，开展力学性能表征是公认的世界性难题。在竹木微薄片零距拉伸技术、单根植物短纤维微拉伸技术和植物细胞壁纳米压痕技术等方面研制了相应的设备，并在竹木材料科学和技术领域开展一系列创新应用，构建了从组织、细胞至纳米尺度完整的力学表征技术体系。揭示了竹子多尺度非均质结构强韧机制；促进了我国竹木材料科学研究，特别是力学研究从宏观到组织、细胞，乃至纳米尺度的根本性转变，对仿细胞壁先进材料、高性能植物纤维复合材料、制浆造纸、纺织材料等相关领域也具有重要参考价值。研究成果“植物细胞壁力学表征技术体系构建及应用”获 2019 年国家科学技术进步奖二等奖。

（六）竹质工程材料研发获得重大突破

研制出广泛应用于建筑、家居、交通、水利等领域的竹质工程材料，并实现竹木建筑结构材料的国产化。创新竹束单板层积材轻量化增值制造技术，实现了竹材从低端应用领域向装配式建筑、交通轻量化制造等高端领域转变。利用轻钢为框架结构，竹束 / 木单板复合材制造维护结构，通过模数化设计、标准化制造、模块化组装连接等技术的集成与创新，设计开发了竹质绿色装配式房屋，适应中国特色村镇建设需要。竹缠绕复合管技术得到国家发改委、住建部、水利部和国家林草局等部委的高度重视，被列入《国家重点推广的低碳技术目录（第二批）》，并被推广到“一带一路”沿线国家。国际竹藤组织园展馆“竹之眼”惊艳亮相北京世园会，是目前国内最大跨度的无支点竹拱建筑，攻克了无支点结构设计、成套防护处理技术等圆竹结构材料制备和建造的多项难题，实现了十大技术创新。研究成果“建筑与交通用竹纤维复合材料轻量化增值制造关键技术”获2019年梁希林业科学技术奖科技进步奖一等奖。

（七）竹产品标准国际影响力逐步提升

2020年，我国主导制定的国际标准化组织（ISO）竹子标准《竹和竹产品术语》（ISO 21625:2020）、《通用竹炭》（ISO 21626-1:2020）、《燃料用竹炭》（ISO 21626-2:2020）和《净化用竹炭》（ISO 21626-3:2020）等国际标准正式发布，标志着我国竹子标准化的突破，提升了我国竹产业在国际标准方面的影响力和话语权，对于规范相关定义和内涵、完善世界竹子标准体系、高效利用世界竹类资源、有效突破技术壁垒和贸易壁垒以及促进竹子产品国际贸易快速发展等方面具有重要而深远的意义。

三、竹产业助推经济发展

“十三五”期间，我国竹产业发展始终依靠科学进步，坚持把创新作为第一动力，跳出竹业看竹业，不断拓宽竹制品应用领域，把生态优势转化为发展优势，带动了经济社会发展、社会就业扩大和竹农增收致富，助力了乡村振兴，改善了生态环境，为建设生态文明和美丽中国作出了重要贡献。

（一）串起链条，融合发展，构建现代竹产业体系

依托科技成果，开展针对贵州正安、桐梓等国家级贫困县的竹种苗繁育、低产竹林改造工程，研发水肥一体化技术、适宜于机械化经营的竹林采伐模式、大型丛生竹高效经营技术，繁育优良竹种苗2000多万丛，建立示范林24.82万亩[①]，辐射推广610.90万亩，建立试验示范基地1.99万亩，方竹笋产量由150斤/亩提高至800斤/亩，开展科技人员、龙头企业、竹农等培训77期，实现竹农亩均增收2000元。开展传统竹材升级高效加工、竹材拓展领域创新增值加工、竹材剩余物高值化加工等技术推广与应用，累计新增产值超10亿元，市场总需求量超70亿元。开展竹林立体复合种植、养殖和

---

① 1亩=1/15公顷，以下同。

竹林康养效益高效培育关键技术研究与示范，建立了竹菌、竹药、竹草、竹林养殖和竹林康养等 8 个立体复合高效经营模式，实现竹林高值化综合利用，综合收益提高 20% 以上。

据国际竹藤组织《2020 中国竹藤商品国际贸易报告》，2020 年中国竹产品进出口贸易总额为 22.1 亿美元，与 2019 年相比增长约 3%。竹林旅游近年来呈现良好的发展势头，已初步形成竹林景观、竹文化、竹乡民俗、竹文创产品等特色，四川蜀南竹海、福建泰宁百竹园等景区的竹旅游产业体系已初步形成。竹产业链条长、吸纳就业能力强，产品附加值不断提升，鼓足了竹农的钱袋子，逐渐发展为很多地区经济支柱产业和竹农主要收入来源。

（二）共创共享，融智融商，缔造高端竹品牌矩阵

2018 年，国际竹藤中心牵头组建“中国竹藤品牌集群”，是我国林业系统首个成立并落地实施的品牌集群，目前共有 36 家成员单位。集聚竹藤行业资源优势，推进中国竹藤品牌集群建设，培育壮大一批能够代表行业、市场力量的中国竹藤品牌和企业，是激发全社会参与林业品牌建设的积极性和创造性，提升竹藤产业品牌在林业乃至国内、国际市场的核心竞争力和影响力的现实路径，是竹藤行业在新形势下适应品牌强国建设，提高经济发展质量和效益的重要举措，也是贯彻落实国家质量强国战略、品牌发展战略、品牌制造强国战略的必然要求。

与时代发展共振，应运而生的中国竹藤品牌集群，联合全国范围内从事竹藤育种、培育种植、生产加工、科研创新等领域的相关企事业单位，搭建平台，共同缔造高端竹藤品牌矩阵。积极组织开展竹企业家国际论坛等品牌活动，不断促成企业抱团发展，形成集群合力，推动品牌发展、提升品牌效益、扩大品牌影响力；不断拓展国际市场空间，提升品牌价值，提高企业效益，传承开拓中国竹藤特色优势，共同树立中国竹藤品牌国际话语权。

四、加快推进竹产业高质量发展的实践

为贯彻落实习近平总书记关于“把小竹子做成大产业”的重要指示精神，全面落实国家林草局等十部委《关于加快推进竹产业创新发展的意见》，福建省林业局、省发展和改革委、省科技厅、省工业和信息化厅、省财政厅、省自然资源厅、省住房和城乡建设厅、省农业农村厅、中国银保监会福建监管

局、福建省地方金融监督管理局联合下发了《关于加快推进竹产业高质量发展的通知》，要求加强科技创新、文化创意、标准创建、品牌创设，创新竹科技、弘扬竹文化、保护竹生态、发展竹产业，构建完备的现代竹产业体系，构筑美丽乡村竹林风景线，加快实现竹资源大省向竹经济强省转变。

加强竹林生态保护修复、着力建设丰产竹林基地、扎实推进笋竹精深加工、聚力发展新产品新业态、加强科技创新和成果转化、推进竹产品国际贸易、加快构建循环经济体系、做大做活竹文化产业八大举措着手解决制约福建竹产业发展瓶颈问题，坚持“以二促一带三”发展战略，以科技创新、业态发力、融入国内国际“双循环”等延伸笋竹精深加工产业链，进而带动丰产竹林培育，做大做活竹三产。同时，明确强化投入机制、强化金融支持、强化管理服务、强化宣传引导 4 个强化加强保障。力争到 2025 年，全省竹林面积稳定在 1819 万亩（其中丰产竹林面积 850 万亩），建设竹山道路 5000 千米，竹产业总产值超 1200 亿元、年均增长 10% 以上。

（一）福建竹产业在 6 个方面有新的突破

突出加强生态保护。加强竹林水土保持，对坡度大、土层薄、易造成水土流失的山地，以及村庄农舍后背山、存在地质灾害危险的地段，稳步有序开展退竹还林。

突出强化科技支撑。支持有条件的地方创建国家级、省级竹木产业工业设计研究院。支持竹产业技术体系建设，实施省级竹产业技术体系建设项目。

突出支持文化创意。鼓励建设竹文创基地和竹产业特色村，保护竹传统工艺，支持举办竹文化高峰论坛、竹创意产品设计大赛、竹博览会展等活动。

突出促进绿色循环。强化笋、竹加工废弃物利用研发和产业化，推进种植培育、加工利用等循环链接，形成跨企业、跨行业的循环经济联合体，实现优材优用、全竹利用、循环利用。探索推进竹林碳汇开发管理机制创新、技术研发和市场建设。

突出产业用地保障。鼓励利用收储农村“四荒”地及闲置建设用地发展竹产业。在竹产区就地就近建设竹材和竹笋收集、堆放及切段、剖分、拉丝、竹笋剥壳等不产生废气、废水的物理分解场地，涉及使用林地的纳入直接为林业生产经营服务的工程设施用地范围。对固定资产投资达 5000 万元以上的笋竹精深加工项目，给予用地专项支持。

突出财政金融支持。2021—2025年，省级以上财政每年安排不低于1亿元竹产业发展专项资金，鼓励各地创新建立多元化投入机制，完善财政支持政策。鼓励符合条件的社会资本设立竹产业发展基金，鼓励各类创业投资、私募基金投资竹产业。将符合条件的竹林培育，按规定纳入森林抚育补助等范围。对于符合政府绿色采购政策要求的竹质建材、竹家具、竹制品等产品，优先纳入政府采购目录，加大政府采购力度。

福建是竹业大省，现有竹林面积1819万亩（其中毛竹林1665万亩、丰产毛竹林750万亩）、品种近200种。近年来，遵照习近平总书记"把小竹子做成大产业"的重要指示精神，坚持"以二促一带三"发展战略，持续做好竹文章。特别是2016年省政府办公厅出台《关于加快推进竹产业发展七条措施的通知》，有力推动竹产业发展，2021年全省毛竹林面积（1665万亩）、竹业从业人员数量（30万人）、竹产业总产值（831.4亿元，其中加工产值达582亿元）、出口创汇金额（超过10亿美元）4项指标居全国前列。全省现有各类笋竹加工企业2300多家（2021年产值超过10亿元的企业有5家，分别是福建华宇集团有限公司、福建和其昌竹业股份有限公司、福建八一永庆竹业有限公司、福建双棱竹业有限公司、福建和普新材料有限公司），解决工人就业30多万人，带动150多万名竹农增收致富。据福建省税务局提供数据，28个竹业重点县253家规模以上笋竹加工企业2021年纳税达4.14亿元，竹产业在巩固脱贫成果、推进乡村振兴中发挥越来越重要的作用。

（二）南平市加快推进竹产业高质量发展

2022年8月11日，南平市研究了加快推进竹产业高质量发展若干措施，深入贯彻习近平总书记关于"把小竹子做成大产业"的重要指示精神，抢抓"双碳"战略实施和"以竹代塑"的重大机遇，立足竹资源优势、产业基础和龙头企业，以工业化理念、产业化思维发展竹产业，持续招大引强、完善配套，不断延链聚群，加快创建全国竹产业高质量发展示范市。同时，要加强政策宣传，指导企业学习研究政策、用足用好政策，真正把政策效应转化为发展机遇。

举办首届"中国·武夷"竹产业高质量发展峰会，进一步塑造南平竹产业品牌形象、提升行业影响力，要以峰会举办为契机，积极对接市场主体需求，做实做细峰会各项筹备工作，做好招商项目对接，提升办会实效，更好地服务南平市竹产业高质量发展。

（三）宜宾将打造中国最大的竹产品交易市场

宜宾是全球最适合竹类生长的区域之一，是全国十大竹资源富集区之一，也是四川省竹资源最富集地区。

为深入贯彻落实习近平总书记对四川工作系列重要指示，特别是“要因地制宜发展竹产业，让竹林成为四川美丽乡村的一道风景线”的重要指示精神，宜宾市出台了《关于加快推进竹产业创新发展的实施意见》。

立足竹资源优势，打造中国最大的竹产品交易市场。宜宾竹资源优势明显，竹林面积约占全省竹林面积的1/5，有竹类39属485种（其中原生竹类13属58种）。宜宾将立足竹资源优势，构建“竹浆纸一体化、竹纤维与纺织集群化、笋竹产品高端化、竹生态竹文化旅游特色化”的竹产业高质量可持续发展格局，为加快建设现代化区域中心城市作出积极贡献。到2025年，全市竹产业综合产值达500亿元，实现由竹资源大市向竹经济强市跨越，全面建设“中华竹都·最美竹海”，即竹林面积稳定在350万亩以上，建设中国种类最齐全的竹子种质基因库、中国最大的四季笋生产基地；建成竹产业精深加工园区5个，打造中国最大的竹纤维纺织集聚区、中国最大的四季竹笋加工基地；完成蜀南竹海国家级旅游度假区创建，建成中华大熊猫苑；建设成渝竹产业协同创新中心、国际竹产品交易中心、创新竹日用品交易中心、竹产品质量检验中心，打造中国最大的竹产品交易市场。

竹菌、竹实、竹叶、竹竿、竹根（王铁军 摄）

构建现代竹产业创新体系，按照“优一产、强二产、拓三产”的思路，构建现代竹产业生产、技术、经营服务体系；要提升竹产业自主创新能力，围绕人才引进、资源整合、科技创新、成果转化等，聚力推进竹产业创新能力建设；要促进竹产业创新融合发展，支持家庭林场、合作经济组织开展规模经营，组建专业化培育经营采伐技术队伍，加快竹产业园区建设，大力培育龙头企业和规模企业；要强化竹产业政策创新，创新体制机制，加大资金投入，优化管理服务，推进品牌建设，强化要素保障，推进竹产业政策落地落实。

宜宾立足竹资源优势，坚定践行绿色发展理念，加快推进竹产业高质量发展，启动竹产业高质量发展三年行动计划，实现了全市竹产业在资源保护、集群培育和科技创新等方面快速发展。

在培育保护竹林资源方面，大力实施美丽乡村植竹造林、美丽城镇竹林景观打造等“五大行动”，建成以宜长旅游公路为主干，辐射延伸宜南路、竹海连接线等多条支线的百里翠竹长廊296.4千米，新培育现代竹林基地126.79万亩。结合长江生态廊道建设工程，在江河两岸打造独具特色的水岸翠竹长廊，完成断带补植42.5千米。

在促进产业集群发展方面，结合竹业资源分布和产业布局，统筹推进五个现代竹产业园区基础设施、功能分区建设，发展竹浆纸等精深加工产业，引导宜宾纸业等13户企业退城、退村入园，促进产业集群发展。加大招商引资力度，新引进投资过亿的万华板业等龙头企业64家，2020年竹精深加工产值实现73.45亿元。

在推进竹业科技创新方面，与国际竹藤组织、浙江农林大学等合作，共建科技创新平台，构建政产学研用协同创新体系，新组建宜宾林竹产业研究院、宜宾竹学院。引进6名国内竹产业界高端人才，组建5个关键领域和核心技术攻关团队，编制储备科研项目33项。

（四）三明永安：小竹子，大产业

冬到竹乡，薄雾轻锁，却依然满目苍翠。走进福建三明永安市，漫山遍野的翠竹葱茏茂盛。这里属亚热带气候，适宜竹子生长，共有竹林面积102万亩，是中国笋竹之乡、国家竹产业科技示范园区。全市农民人均竹林面积6.7亩，居全国第一。

竹子全身都是宝。尖尖的竹笋是大众喜爱的美食，竹片可以做地板、家具、窗帘、凉席，竹枝、竹梢做扫帚，竹鞭、笋壳做工艺品，竹叶提取物制成保健品。竹纤维做成的袜子、毛巾、衣衫、床单、被罩等，不但柔软舒适，而且对紫外线的阻挡率是棉制品的上百倍。竹屑、加工废料都可以经过高温煅烧形成竹炭，能够吸附异味。现在，具有绿色、低碳、环保、可循环等特征的竹子，在永安实现了“吃干榨尽”全利用，发展为一个可以永续利用的绿色产业，青翠竹林正在成为广大竹农的“绿色银行”。

餐桌、茶桌、沙发、床、化妆台，永安市竹天下体验馆展厅布置得就像一个温馨的家。“你看到的布置都是竹制品，也就是说我们也可以提供一个家庭布置所需的家具。”展厅工作人员自豪地说。竹天下体验馆，是永安市实施的“竹天下”战略项目，集营销、研发、生产、售后于一体，涵盖办公家具、民用家具、户外工程材料等全竹产品，为竹加工企业提供了一个集中展示的平台。

在永安市小陶镇的景诚竹业公司的生产车间内，一棵棵毛竹在生产线上变成制造环保型竹家具的新型竹材。2018 年 6 月注册成立的景诚竹业，投资 2000 万元建设首条生产线，11 月首批产品下线产生效益。“全国毛竹资源丰富的地方很多，但像这样拥有成熟配套服务的不多。”公司负责人感慨道。新产品一下线就送到永安市竹制品公共检测服务中心，对其生产工艺参数进行优化，让产品达到进入市场的国家标准。尽管受到疫情等各方面影响，景诚竹业投产以来，已经为山区创造就业岗位 110 多个，累计新增工业产值近 3000 万元。

习近平总书记在福建工作期间，曾提出“要搞竹子深加工，把小竹子做成大产业”的要求。长期以来，永安市坚持“小竹子，大产业”发展思路，把竹产业作为扶持鼓励的主导产业之一，推进“以竹代木”，减少森林砍伐，逐步形成“主攻二产、拓展三产、带动一产”的竹产业发展新格局。

同时，积极为竹产业发展搭建完善服务平台，激活全竹产业链：打造集旅游、康养、生态、文化、休闲、商贸为一体的中国（永安）竹天下文化旅游产业园，建设共 3000 亩的竹产业园，举办竹居博览会；建设“互联网 + 竹产业”平台，培育“众竹云平台”“竹生活”等电商平台；积极推进竹加工企业与高等院校、科研机构进行产学研结合，成立永安市竹产业研究院、福建省竹制品公共检测服务中心、全国竹产业知识产权运营交易中心，等等。

竹产业是永安基于资源禀赋而发展的一个产业，我们中国历来崇尚竹文化，未来随着经济发展和生活水平提高，人们越来越追求健康生活方式，绿色环保的竹产品市场前景广阔，发展竹产业大有可为。永安市竹产业从供给侧发力，加大竹产品研发力度，开发出更多适销对路的产品，这样才能实现竹产业可持续发展，另外要提高产业效率，加快工业化和信息化融合速度，加快自动化应用，开拓市场新渠道，找准新的市场增长点，让更多的人了解竹产品，进而让竹产品能够用在各个地方、各个领域，这就是我们努力的方向，一定不能辜负了这个大好时代。永安，通过发展竹产业把生态优势转化为经济优势，实现了百姓富和生态美的有机统一。今天的竹乡永安，生机盎然，奇秀东南。

（五）井冈山提升竹产品附加值

井冈翠竹，青山藏金。神山村竹资源丰富，以前只会用竹子制作竹筷、竹席等初级产品，价格低廉、收益甚少。“在扶贫的路上，不能落下一个贫困家庭，丢下一个贫困群众。”2016 年春节前夕，习近平总书记在神山村看望慰问干部群众时的真挚热情的话语，村民们铭记在心，深受鼓舞。一定不辜负习近平总书记的殷殷嘱托，要闯出一番天地，同全村人一起干，一起脱贫致富，把日子越过越好。他们远赴浙江学习竹制品加工技术，并钻研学会了使用激光雕刻机，以此来制作外形精美、销量较好的笔筒、茶叶筒等竹制品。

神山村竹制品从品类单一到多点开花，产量从少到多，质量不断提高，产品附加值提升至少 10 倍，村民们找到一条竹产业发展的新路。江西作为全国最“绿”的省份之一，竹产业发展潜力巨大、大有可为。

（六）构建竹产业绿色循环经济体系，助力实现碳达峰碳中和目标

开展构建国际竹产业绿色循环经济体系结构模型，创建国际竹产业绿色循环经济体系研究。国际竹藤中心牵头，联合多家产学研单位，开展了竹产业一产、二产和三产循环经济研究以及一、二、三产联合与气候变化协同发展的全产业链循环经济体系研究。在一产方面，以竹林可持续经营和竹林复合经营为主要模式，探索从光合作用到高分子材料合成、竹材竹笋和复合产物（植物、动物、微生物）的循环收获模式。在二产方面，积极倡导大材大用、中材中用、小材小用、循环利用的加工利用模式，保持竹材天然物理力学属性，低成本低耗能加工，从竹材采伐收储到竹制品循环利用变成二氧化碳全过程，尽可能延长高分子材料的生命周期。如在安徽池州成功研制并批

云南竹海（杜小红 摄）

量生产竹壁钻孔式竹吸管，产品成本低、生态环保、性能优良。有望引领“以竹代塑”潮流，助力实现碳达峰碳中和目标。在三产方面，积极开展竹林景观、竹林文化、竹林康养、竹品生活科学研究，倡导自然科学与社会科学交叉融合，倡导生态、经济、文化与高质量发展深度融合。在一、二、三产联动方面，积极开展竹林光合作用、竹林培育、竹材仓储、竹材原态利用、循环利用、延长生命周期的全产业链碳足迹的研究，探索二氧化碳光合作用强度与竹林生物量积累、应采尽收、合理加工、科学利用之间内在联系，分析碳达峰碳中和与竹林碳汇、竹材碳封存、生物减排规律，寻找大气、竹林、竹制品、生物质降解排放一体化的大数据管理模式。

以竹产业绿色循环经济产业链、国际竹产业绿色循环经济体系、国际竹产业区块链服务贸易平台等研究，开创全球竹产业绿色循环经济体系，带动全球竹产业高质量发展，创造社会与经济价值，推动全球加快“低碳、减碳”，助力联合国发布《2030 年可持续发展议程》提出的目标早日实现。

第三节　以绿色发展理念推进生态文明建设

绿色是林草的底色，生态系统保护和修复是让绿色更绿、浅绿变深绿的有效手段和路径，绿色发展契合了生态治理的现实诉求，创新了生态治理体制机制，增进了民生福祉，丰富了林草业使命。在相当长时期内，以《全国重要生态系统保护和修复重大工程总体规划（2021—2035年）》为蓝图，统筹山水林田湖草沙系统治理，落实一批区域性生态保护修复工程将是林草工作的主要任务。推进林业、草原、国家公园“三位一体”融合发展，坚持加强顶层设计、整体规划、一体化推进，加快以国家公园为主体的自然保护地体系建设，开展大规模国土绿化行动，构建森林草原防灭火一体化体系、有害生物防治一体化体系，是新时期林业草原国家公园融合发展的主要职责。林草除了实现自身绿色发展之外，还需在全面建设生态文明中有更大的担当、更丰富的使命，如在更精准履行生态治理主体责任、创新生态治理体制机制、探索生态治理增加民生福祉有效路径等方面有所突破。

一、绿色发展契合了生态治理的人与自然和谐共生

提出绿色发展是为了应对进入21世纪以来我国发展所面临的自然资源日益枯竭、环境污染严重、生态系统退化严峻的国土空间局面，是在问题导向下从发展理念、路径到方式的创新。推进绿色发展，有利于更好应对资源环境约束挑战，促进全面建成小康社会和生态文明建设，服务全球生态安全。

（一）绿色发展是对全面建成小康社会的积极回应，反映了全面建成小康社会的内在要求

全面建成小康社会的关键在于“全面”，需要经济、政治、文化、社会、生态等方面协同发力，以更好满足人民的各方面需求。近年来，人民群众的需求呈现形式日趋多样、水平不断提高的特点，从追求物质生活到追求精神生活，从关心物质文明建设到关注生态文明建设，从关心经济建设到关心政治建设，从关心人与社会发展到关心人、社会与自然协调发展。人们对生存

福建省三明市杉木无性繁殖母株收集园（刘继广 摄）

环境的要求显著提高，生态环境质量在人民群众幸福指数中的地位不断凸显。目前，我们已经处于全面建成小康社会的决胜阶段，发展动力、发展结构、发展条件、发展环境都发生了深刻变化，资源环境承载逼近极限，已经构成制约发展的最大瓶颈。增强生态治理能力，提升生态治理水平，推进经济社会可持续发展，是必须得到解决的重大时代课题。党中央审时度势提出绿色发展理念，就是要破解绿色发展难题、厚植绿色发展优势、增强绿色发展动力，增强全面建成小康社会的生态底色。

（二）绿色发展是推进林业草原国家公园融合发展的必然举措，是建设美丽中国的必然要求

林草兴则生态兴，生态兴则文明兴，生态衰则文明衰，生态文明建设关系人民福祉、关乎民族未来长远大计。人类进入工业文明时代以来，社会发展突飞猛进，生活水平日益提高，同时也加速了对自然资源的攫取、对生态环境的破坏，使人与自然的关系变得紧张。只有加强生态文明建设，坚持人与自然和谐共生，像保护眼睛一样保护生态环境，像对待生命一样对待生态环境，人类才能够可持续发展。建设美丽中国是生态文明建设的应有之义，是新时期党执政兴国的重大责任和使命。在人与自然和谐视阈下，绿色发展理念提出加快主体功能区建设、推动绿色低碳循环发展、全面节约和高效利用资源、加大环境治理力度、筑牢生态安全屏障等举措，充分明确了生态文明建设林业草原国家公园融合发展的主攻方向和精准着力点，目的是要打造科学合理的发展布局、构建系统完备的生态文明制度体系、建立绿色低碳的产业体系、培育绿色节约的生活方式，推动生态文明建设林业草原国家公园融合发展的各项决策部署落地实施、有序推进、同向驱动，补齐生态短板，开创生态文明建设新局面，使美丽中国建设取得更多成果和更大进展，由蓝图变为现实。

（三）绿色发展有助于构建全球生态新秩序，更好服务全球生态安全

近年来，生态问题国际化趋势日益明显，应对气候变化、全球生态治理、共建共享人类共有的绿色家园已成为各国的统一行动，绿色发展逐渐成为当今世界发展的潮流和趋势。21 世纪以来，各个国家更加积极追求绿色、低碳、可持续发展，绿色经济、低碳经济、循环经济蓬勃发展。尤其 2008 年国际金融危机爆发以来，发达国家为尽快提振经济，纷纷将绿色确立为本国经济未来发展的主色调，加紧战略规划、加大资金支持、加强制度保障，加快发展绿色经济。美国将绿色转型上升为国家战略，瞄准高端制造、信息技术、低碳经济，发挥技术优势谋划新的经济增长点；日本推出绿色发展战略总体规划；欧盟加快建立节能型、环保型、绿色型、创新型经济，并积极出口绿色技术，旨在抢占未来经济竞争的制高点。同时，也有一些国家为了维持竞争优势，试图增设和提高绿色壁垒，为全球生态安全增添了不稳定因素。我国作为当今世界最大的发展中国家、全球第二大经济体，必须主动适应这一趋势，积极参与全球生态治理实践，走绿色发展道路。坚持绿色发展，将有助于促进我国开展生态绿色外交和绿色国际合作，推进全球生态秩序和生态规则的变革与重构，促使全球绿色发展格局形成，提升全球生态安全水平，更好地为我国推进绿色发展营造良好的国际环境。

北京什刹海风景区（刘先银 摄）

二、绿色发展创新了生态治理体制机制

绿色发展理念在多个方面创新了生态治理的体制机制，这些制度创新将有助于进一步促使我国完善生态治理体系、改进生态治理方式、提升生态治理水平。

（一）绿色发展理念创新了生态治理协同机制

多年来，由于缺乏综合性的法律法规，没有统一的规划及布局，不同地方在生态治理上各自为政、标准不一，各个地方只对本行政区域内的生态环境保护和治理负责，导致地区生态治理出现“九龙治水”“治而不愈”的问题。就同一地方而言，随着工业化、城镇化的快速发展，对资源的需求、环境的影响越来越大，加之土地、水利、环保等多个部门工作欠缺衔接性和协调性，致使地方产业发展、城市建设的无限需求与资源环境的有限供给之间存在难以调和的矛盾，不断重蹈“一边投巨资、下大力搞治理，一边无序开发、造成破坏”的覆辙。绿色发展理念提出要使各地区依据主体功能定位发展，以主体功能区规划为基础，统筹各类空间性规划，推进“多规合一”；根据资源环境承载力调节城市规模，依托山水地貌优化城市形态和功能，实行绿色规划、设计、施工标准；要以水定产、以水定城；探索建立跨地区环保机构，实行省以下环保机构监测监察执法垂直管理制度，建立全国统一的实时在线环境监控系统。这些是对生态治理地区、区域、部门协同机制的创新，将更加有效解决一些地方在生态治理中遇到的问题。

（二）绿色发展理念创新了生态治理市场运作机制

长期以来，我国生态治理遵循政府主导的单一推进机制，政府对各种资源要素的配置起决定性作用，组织制定和实施生态治理政策、计划，负责生态治理投资和监管。应该承认，这一机制在特定的历史条件和发展阶段是可行的、有效的。但随着生态治理进入深水区、生态治理难度显著加大，仅仅依靠政府的力量已不能有效推动生态治理事业的发展，生态治理效率低下与公众对生态治理要求失衡的问题逐渐显现。究其原因，主要是由于政府对资源要素配置效率不够高、生态治理的投资有限。

生态治理，看似是资源环境问题，其背后实质也是经济问题，既应该发挥政府的作用，也要借助市场的力量，发挥市场这只“看不见的手”在资源配置和聚集生态治理资本上的优势，驱动绿色产业、发展绿色经济。绿色发

展理念提出要有序开放开采权，改革能源使用机制，形成有效竞争的市场机制，建立健全资源使用权及排污权、碳排放权初始分配制度，培育和发展交易市场，构建投融资机制，发展绿色金融，设立绿色发展基金，将有助于构建和完善生态治理的市场机制，拓宽生态问题解决及生态事业发展的渠道，有效补充政府主导机制的短板和不足。

（三）绿色发展理念创新了生态治理考核评价机制

绿色发展理念提出要对领导干部实行自然资源资产离任审计，从现实来看，将有助于揭示和反映领导干部任职期内自然资源资产是否有序开发、节约集约利用，是否存在严重损失浪费、重大生态破坏、污染环境等问题；领导干部在自然资源资产开发利用、生态治理资金筹集及使用、重大建设项目实施过程中是否存在违规违纪问题。从长远来看，将促使领导干部在任期间树立正确的政绩观，既要金山银山，又要绿水青山，严守生态红线，坚持在发展中保护、在保护中发展；推动领导干部守法、守纪、守规、尽责，切实履行自然资源资产管理和生态环境保护责任，促进自然资源资产节约集约利用和生态环境安全，更加积极推动生态文明建设。

（四）不断完善绿色机制，推进制度形态绿色化

要不断强化生态文明制度建设，加快构建以政府为主导、企业为主体、社会组织和公众共同参与的环境治理体系；着力打造一支技术过硬、作风优良、反应迅速的生态环保队伍；深入推进大气、水、土壤污染防治工作，健全和落实重点区域环境污染联防联控机制，不断优化生态安全屏障体系；不断健全环保信用评价、严惩重罚等制度，坚决制止环境污染和生态破坏行为；切实增进绿色惠民，不断完善生态补偿机制，扩大补偿范围，加大补偿力度。

不断发展绿色生产，推进经济业态绿色化。要在保护生态环境的基础上，不断推动生态与农林牧、旅游、文化等的深度融合，以区域资源为依托、市场需求为依据、经济发展为中心，持续用新技术改造传统产业，大力发展生态旅游业、生态农林牧业等产业，不断加快产业结构调整步伐，推进新型工业化进程；积极构建科技含量高、资源消耗低、环境污染少的产业结构，形成以循环经济、可再生能源、特色产业为主的绿色发展模式，坚持走生态环境友好、资源节约集约的可持续发展道路。

不断创造绿色生活，推进环境生态绿色化。把生态文明教育纳入干部职工培训、农牧民技能培训等工作中，使节约资源和保护环境成为主流价值观，切实形成全社会共建共治共享的浓厚氛围；营造绿色生活环境，持续推进城乡生活污水和垃圾处理设施全覆盖，让人们喝上干净的水、呼吸上清新的空气、吃上放心的食品；鼓励绿色出行和消费，在衣食住行游等方面，加快向简约适度、绿色低碳、文明健康的方式转变，反对各种形式的奢侈浪费行为，增强全社会建设生态文明的主人翁意识。

三、在绿色发展中推进生态治理，增进民生福祉

绿色发展理念将保护和生态治理纳入发展体系，明确了“十三五”“十四五”时期发展的生态导向。接下来，应使理念意义上的绿色发展付诸实践、真正接地气，在绿色发展中加强生态治理，更好地维护人民生态权益，增进人民福祉。

（一）营造绿色发展氛围，促进生态参与，优化生态治理格局

首先，要以对人民群众、对子孙后代高度负责的态度，加强生态治理顶层设计，深化生态治理体制机制改革，构建和完善产权清晰、多元参与、激励约束并重、系统完整的政策制度和法律法规体系；划定生态红线，构建科学合理的城镇化推进格局、农业发展格局、生态安全格局，构建能源安全体系，大力支持绿色产业发展。

其次，媒体应加大对违背绿色发展理念企业、公众道德失范行为的监督曝光，同时，对遵循绿色发展理念的先进行为加大宣传力度，树立绿色发展典范。

最后，企业、公民、民间环保组织等，应利用政府搭建的平台建言献策，形成加强和改进生态治理的建设性意见和建议。通过以上努力，形成政府引导、社会协同、公众参与的生态治理格局，构建高水平、全覆盖、管理科学、运转有效的生态治理体系。

（二）发展绿色经济，培育绿色发展新业态，提高生态产品供给效率

绿色富国，绿色惠民。为人民提供更优质的生态产品，既是绿色发展理念的应有之义，也是中国特色社会主义生态文明建设的主旋律。绿色富国、绿色惠民必须借助绿色产业、绿色经济才能实现。人民所需要的生态产品，可分为必需型和一般型两类：必需型生态产品，就是指洁净的空气、干净的水、无公害的食品，这些是人民最关心、最直接、最现实的民生福祉，是老

百姓健康生活的保证、幸福生活的前提。提供必需型生态产品，有赖于对大气污染、水污染、土壤污染的综合治理，有赖于绿色发展方式和生活方式的践行。一般型生态产品的供给，需要进行供给侧结构性改革，发展绿色经济。政府要从财政、税收等方面加大对绿色发展新业态的扶持力度。积极引导传统产业跳出产业局限和壁垒，顺应快速发展的产业技术革命趋势，依靠绿色技术主动升级改造，推动行业、产业实现绿色清洁生产。将基于大数据的“互联网 +”、物联网、云计算、5G 无线传输等新兴互联网技术与传统产业紧密结合，建立绿色产业大数据库、绿色产业智库，发展绿色金融，打造绿色低碳循环产业体系和智能消费体系，引导绿色生产、绿色流通、绿色贸易、绿色消费发展。

（三）参与全球生态治理实践，加强全球生态治理合作，创设绿色发展国际环境

一是从全球和战略的高度，从我国发展实际出发，坚持共同但有区别的责任原则、公平原则、各自能力原则，参与全球生态治理，承担节能减排的国家责任，作出生态治理国家自主贡献。

二是积极参与应对全球气候变化谈判，加强与国际绿色经济协会、世界自然保护联盟等机构或组织在全球生态治理等方面的交流合作，推动创新全球和国家层面的生态治理体制和机制，构建和完善公平合理的国际生态治理规则、形成合作共赢的全球生态治理体系，共同打造绿色发展命运共同体。

三是着力搭建地区性、全球性生态治理互动平台，开展科学技术交流、政策对话和项目实施等领域的国际合作，合理引进发达国家绿色技术装备和服务模式，借鉴其在绿色产业设计、运营、管理等方面的先进经验，发展具有中国特色的绿色经济，打造具有国际竞争力的绿色产业链、价值链，在绿色发展的国际环境下全面提升绿色发展能力。

要把绿色发展理念贯穿到生态保护、环境建设、生产制造、城市发展、人民生活等各个方面，加快建设美丽中国。必须要坚定不移贯彻新发展理念，坚定不移走生态优先、绿色发展之路。

绿色发展所追求的不是经济社会单向度的发展，而是人、自然生态、经济社会的协同发展。推进绿色发展，提升生态治理能力，必须毫不动摇坚持节约资源和保护环境的基本国策，坚定走生产发展、生活富裕、生态良好的文明发展道路，着力构建资源节约型、环境友好型社会，开创中国特色社会主义生态文明的新时代。

坚持生态保护。我国生态环境保护中最突出问题大多同体制不健全、制度不严格、法治不严密、执行不到位、惩处不得力有关，必须要用最严格的制度、最严密的法治保护生态环境。要加强制度建设，健全源头控制、过程控制、损害赔偿、责任追究的生态环境保护体系，坚持激励约束并重，鼓励多方主体参与。要加强法治建设，坚持保护优先、预防为主、综合治理、损害担责的基本原则，不断完善污染防治、环境保护等相关法律法规，通过法律手段塑造全社会绿色、低碳、循环的生产生活方式。要健全环境治理体系，不断改善空气、水环境质量，打好污染防治攻坚战。

坚持绿色转型。思想是行动的先导，要转变思想观念，正确处理经济发展同生态环境保护的关系，牢固树立保护生态环境就是保护生产力、改善环境就是发展生产力的理念，决不能以牺牲环境、浪费资源为代价换取一时的经济增长。要推动生产方式绿色化，淘汰高污染、高耗能的落后产能，创新节能技术，推动转型升级，优化产业结构，发展绿色产业，构建科技含量高、资源消耗少、环境污染少的产业结构和生产方式，形成经济社会发展新的增长极。要推动生活方式绿色化，树立节约意识，倡导理性消费，提倡绿色出行。

坚持社会共治。“生态文明是人民群众共同参与共同建设共同享有的事业。”建设生态文明，人人有责，也人人有为，每个人都是生态环境的保护者、建设者，没有哪个人是旁观者、局外人。要加强生态文明教育，使群众“增强保护生态、爱护环境的意识，共同守护好自己的家园”，把建设美丽中国转化为每个人的自觉行动。要提高群众参与度，如北京近日上线的“个人碳账本”，市民通过绿色骑行、拒绝使用一次性餐具等行为，可获得相应积分奖励，推动了更多人践行绿色低碳生活方式。

建设生态文明，关系人民福祉，关系民族未来。立足新发展阶段，要构建新发展格局、打造新发展优势，必须坚持绿色发展理念，推动生态文明建设，相信在全面建设社会主义现代化国家的新征程上，努力推进人与自然和谐共生的现代化，我们一定能赢得中华民族永续发展的美好未来。

第四节 体制生态自觉构建内生动力源

一、不断探索生态文明建设和经济社会发展的辩证关系

中国共产党领导中国革命、建设和改革的过程中，不断探索生态文明建设和经济社会发展的辩证关系。中华人民共和国成立前，我国林权绝大多数为私有，可以自由买卖。1950 年通过的《中华人民共和国土地改革法》对山林权属问题做出了界定，确立了国有林和农民个体所有林。1950 年第一次全国林业业务会议决定“护林者奖，毁林者罚”，各地政府积极组织群众成立护林组织，订立护林公约，保护森林，禁止乱砍滥伐。同年，政务院还颁布了《关于全国林业工作的指示》，指出林业工作的方针和任务是以普遍护林为主，严格禁止一切破坏森林的行为，在风沙水旱灾害严重地区发动群众有计划地造林。1956 年 4 月，中共中央、国务院发出了《关于加强护林防火工作的紧急指示》，10 月出台《狩猎管理办法》。1957 年国务院颁发《水土保持暂行纲要》。1958 年 4 月，中共中央、国务院发出了《关于在全国大规模造林的指示》，9 月，中共中央下发了《关于采集植物种子绿化沙漠的指示》。1961 年 6 月，中共中央作出《关于确定林权、保护山林和发展林业的若干政策规定（试行草案）》。1962 年 9 月，国务院发布《关于积极保护和合理利用野生动物资源的指示》。1963 年 5 月，国务院颁布了《森林保护条例》，这是中华人民共和国成立以后制定的第一个有关森林保护工作的最全面的法规，明确提出了保护稀有珍贵林木和狩猎区的森林以及自然保护区的森林。1967 年 9 月，中共中央、国务院、中央军委联合下发了《关于加强山林保护管理，制止破坏山林、树木的通知》。1964 年，国务院批转了《水产资源繁殖保护条例》，提出了建立禁渔区对珍稀水生动植物加以保护，并规定了水域环境的保护要求；1965 年，地质部根据新的情况，专门制定《矿产资源保护试行条例》。这期间，最为重要的一项成果就是开始了自然保护区的建设。自然保护区是人类为弥补自身的环境破坏行为而采取的一种补救措施。1956 年在广东省肇庆市建立了我国第一个自然保护区——鼎湖山自然保护区，明确指出该保护区以保护南亚热带季雨林为主。1957 年在福建省建瓯县建立了以保护中

亚热带常绿阔叶林为主的万木林自然保护区。1958 年在西双版纳建立了对热带雨林、季雨林生态系统以及珍稀动物进行保护的勐养、勐仑和勐腊 3 个自然保护区。与此同时，东北地区的黑龙江省伊春市建立了以保护珍贵植物红松树林为主的丰林自然保护区。1961 年在吉林省建立了以保护温带生态系统为主的长白山自然保护区，在广西壮族自治区龙胜各族自治县与临桂县的交界地区建立了以保护珍稀孑遗植物银杉为主的花坪自然保护区等。截至 1965 年，我国正式建立自然保护区共 19 处，面积 648874 公顷。自然保护区的建设为自然保护事业的进一步发展奠定了坚实的基础。

这些政策措施，都有利于森林资源的保护和合理开发，基本建立起生态环境保护的政策和法律体系，推动了新中国林业和生态环境的发展，是体制自觉的体现，更是生态文明建设的体制动力之源。

二、系统构建生态建设的法律和制度体系

系统构建阶段逐步提出并形成了中国特色社会主义法律体系，由生态环境保护基本法律、环境保护单项法律法规、行政规章等构成的生态环境保护法律体系，成为社会主义法治国家生态环境保护的基本方略。

党的十一届三中全会以后，伴随着党和国家工作重点转移，生态环境及林业建设步入正常轨道，相继出台了一系列政策，系统地构建了生态建设的法律和制度体系，如《全国人大常委会关于植树节的决议》（1979 年）、《关于大力开展植树造林绿化祖国的联合通知》（1979 年）、《环境保护法（试行）》（1979 年）、《中共中央关于加快农业发展若干问题的决定》（1979 年）、《中共中央 国务院关于大力开展植树造林的指示》（1980 年）、《国务院关于坚决制止乱砍滥伐森林的紧急通知》（1980 年）、《中共中央 国务院关于保护森林发展林业若干问题的决定》（1981 年）、《水污染防治法》（1984 年）、《森林法》（1987 年）、《森林法实施细则》（1986 年）、《中共中央 国务院关于制止乱砍滥伐森林的紧急指示》（1982 年）、《中共中央 国务院关于加强南方集体林区森林资源管理坚决制止乱砍滥伐的指示》（1987 年）、《大气污染防治法》（1987 年）、《水法》（1988 年）、《封山育林管理暂行办法》（1988 年）、《国务院关于保护森林资源制止毁林开垦和乱占林地的通知》（1998 年）、《环境保护法》（1989 年）、《水土保持法》（1991 年）、《国务院办公厅转发〈林业部关于当前乱砍

滥伐、乱捕滥猎情况和综合治理措施报告〉的通知》（1992年）等。

同时，进一步调整完善了组织体系，例如，1979年，成立林业部，以加快林业发展和加强林业资源保护；1982年，成立中央绿化委员会，统一组织领导全民义务植树和国土绿化工作；1982年，组建城乡建设环境保护部，内设环境保护局；1984年，成立国务院环境保护委员会，原城乡建设环境保护部下属的环境保护局改为国家环境保护局；1988年，独立设置国家环境保护局，作为国务院的直属机构。

1991年后第三代中央领导集体发出了“全党动员，全民动手，植树造林，绿化祖国”“再造祖国秀美山川”号召，1997年8月，又明确提出建设祖国秀美山川，把我国现代化建设事业全面推向21世纪等，全国人大颁布了世界上首部《防沙治沙法》《全国生态环境建设规划》。

这些政策的出台、制度的建立和组织体系的完善，对我国生态环境和林草业的绿色健康发展，起到了积极的促进作用。

三、可持续发展理念与国际接轨阶段

2004年9月举行的党的十六届四中全会，通过《中共中央关于加强党的执政能力建设的决定》，首次完整提出了“构建社会主义和谐社会”的概念。2005年以后，中国共产党提出将“和谐社会”作为执政的战略任务，“和谐”的理念要成为建设“中国特色社会主义”过程中的价值取向。“民主法治、公平正义、诚信友爱、充满活力、安定有序、人与自然和谐相处”是和谐社会的主要内容。

2005年10月，党的十六届五中全会通过了《中共中央关于制定国民经济和社会发展第十一个五年规划的建议》，首次把建设资源节约型和环境友好型社会确定为国民经济与社会发展中长期规划的一项战略任务。

2007年党的十七大将“两型”社会建设提升到现代化发展更加突出的位置。“生态文明”写入党的十七大报告，这既是我国经济社会可持续发展的必然要求，也是中国共产党人对日益严峻、全球关注的资源与生态环境问题作出的庄严承诺，首次使生态文明与社会主义物质文明、精神文明、政治文明一道成为中国特色社会主义文明形态的基本特征和重要组成。与此同时，党的十七大报告正式明确阐述了生态文明建设的路径、发展目标、表现方式，标志着社会主义生态文明理念的正式确立，界定了生态文明建设十分丰富、系统和深刻的内涵，即，不仅仅局限于控制污染和恢复生态，还涉及观念转变、文化转型、产业转换、体制转轨等，它是人类文明发展理念、道路和模式的重大进步，是人类社会崭新的文明形态，标志着新中国体制生态自觉的时代。倡导生态文明建设，不仅对自身发展有深远影响，也是中国向世界作出的庄严承诺。

人类文明史是一部人与自然关系发展的历史。近代工业文明时期，随着技术的进步和生产力的提高，人类对自然的利用和改造达到了前所未有的高度，创造了灿烂的物质文明。但同时，人类对自然的干扰也超出了自然的承受能力，产生了严峻的生态和环境问题。著名历史学家汤因比曾指出，衰落的特别是那些消亡的人类文明，都直接或间接地与人和自然关系的不协调有关，由于人口膨胀、盲目开垦、过度砍伐森林等造成的对资源的破坏性使用是其中的主要原因。20 世纪 60 年代以来，人类开始寻求新的发展模式。党的十七大报告把“生态文明”作为全面建设小康社会目标的新要求，彰显出中国共产党推进科学发展观、构建社会主义和谐社会的执政新思维。

生态文明，是人类遵循人与自然和谐发展规律，推进社会、经济和文化发展所取得的物质与精神成果的总和；是指以人与自然、人与人和谐共生、全面发展、持续繁荣为基本宗旨的文化伦理形态。它是对人类长期以来主导人类社会的物质文明的反思，是对人与自然关系历史的总结和升华。其内涵具体包括以下几个方面：

一是人与自然和谐的文化价值观。树立符合自然生态法则的文化价值需求，体悟自然是人类生命的依托，自然的消亡必然导致人类生命系统的消亡，尊重生命、爱护生命并不是人类对其他生命存在物的施舍，而是人类自身进步的需要，把对自然的爱护提升为一种不同于人类中心主义的宇宙情怀和内在精神信念。

二是生态系统可持续前提下的生产观。遵循生态系统是有限的、有弹性的和不可完全预测的原则，人类的生产劳动要节约和综合利用自然资源，形成生态化的产业体系，使生态产业成为经济增长的主要源泉。物质产品的生产，在原料开采、制造、使用至废弃的整个生命周期中，对资源和能源的消耗最少、对环境影响最小、再生循环利用率最高。

三是满足自身需要又不损害自然的消费观。提倡“有限福祉”的生活方式。人们的追求不再是对物质财富的过度享受，而是一种既满足自身需要又不损害自然，既满足当代人的需要又不损害后代人需要的生活。这种公平和共享的道德，成为人与自然、人与人之间和谐发展的规范。

2015 年，党十八届五中全会提出了创新、协调、绿色、开放、共享五大发展理念，生态文明建设贯穿始终，是指导“十三五”期间中国发展的新的思想灵魂。

（一）从粗放到精细，生态文明建设更加科学化

从制度到行动的精细，是推进生态文明建设的必然趋势。2016 年 12 月，中共中央办公厅、国务院办公厅印发了《关于全面推行河长制的意见》，“河长制”最早源自江苏无锡，可以实现部门联动，发挥地方党委、政府的治水积极性和责任心。全面推行河长制，使河道、湖泊等水资源的治理更加具体和精细，是全面推进生态文明建设的重要举措。它由各级党政主要负责人担任“河长”，负责辖区内河流的污染治理，目的是保证河流在较长的时期内保持河清水洁、岸绿鱼游的良好生态环境。

（二）从独立到融合，生态文明建设渗透社会生活发展各方面

随着经济社会的不断发展，生态文明建设正融入我们社会生活的方方面面，它已不再局限于自然生态，包括生态科技、生态政治、生态经济、生态理念、生态制度和生态行为文明。经济建设中要从根本上缓解发展与资源环境的矛盾；政治生态上，将生态文明建设纳入法治化、制度化的轨道。通过反腐倡廉、群众路线教育实践、两学一做等学习教育活动，营造风清气正的政治生态。文化建设方面，培育生态文明主流价值观，融入社会主义核心价值体系，实现生活方式、消费模式的绿色化。

（三）从意识到理念，生态文明建设的理念由普及到深入人心

“保护生态环境就是保护生产力，改善生态环境就是发展生产力；良好生态环境是最公平的公共产品，是最普惠的民生福祉。”如今，在全面建设美丽中国和生态文明小康社会的生动实践中，对每一个公民都有明确的规范和要求，要改变过去仅仅限于搞好个人家庭环境卫生的片面思想和观点，不仅仅是生活起居、衣食住行，还包括水、空气、工作、学习生活用品、房屋装修等都应予以环保。通过不断提高认识，转变观念，让生态文明理念更加深入人心，让绿色生态文明走进我们的家庭、充满我们的生活。

四、走向社会主义生态文明新时代

党的十八大把生态文明建设纳入全面建成小康社会的奋斗目标体系，并纳入“五位一体”总体布局。自此，习近平生态文明思想正式进入指导经济和社会发展的主战场，体制生态自觉跨入处于百年未有之大变局的中国特色社会主义生态文明新时期，标志着我国生态文明建设正式步入新的时代。

党的十八大以来，以习近平同志为核心的党中央，谱写了中国特色社会主义生态文明新时代崭新的时代篇章，形成了习近平生态文明思想。习近平生态文明思想是迄今为止中国共产党人关于人与自然关系最为系统、最为全面、最为深邃、最为开放的理论体系和话语体系，是马克思主义人与自然关系思想史上具有里程碑意义的最大成就，为21世纪马克思主义生态文明学说的创立作出了历史性的贡献。习近平生态文明思想以中国特色社会主义进入新时代为时代总依据，紧扣新时代我国社会主要矛盾变化，把生态文明建设纳入中国特色社会主义“五位一体”总体布局和“四个全面”战略布局，坚持生态文明建设是关系中华民族永续发展的根本大计的历史地位；以创新、协调、绿色、开放、共享的新发展理念为引领，将绿色发展、绿色化、产业生态化、生态产业化内化为生态文明建设融入经济建设、政治建设、文化建设和社会建设的全过程，全方位、全过程、立体化建设生态文明；以绿水青山就是金山银山为核心理念，不仅把绿水青山就是金山银山理念写入党的十九大报告，在《中国共产党章程（修正案）》总纲中又明确写入“中国共产党领导人民建设社会主义生态文明。树立尊重自然、顺应自然、保护自然的生态文明理念，增强绿水青山就是金山银山的意识”；以着力推进供给侧结构性改革为主线，以建设高质量、现代化经济体系为目标，坚持绿色发展、低碳发展、循环发展的实践论，旨在实现党的十九大确立的“人与自然和谐共生的现代化”，为富强民主文明和谐美丽的社会主义现代化强国奠定生态产业基础；以生态文明体制改革、制度建设和法治建设为生态文明提供根本保障，切实落实环保党政同责、一岗双责的机制，全面启动和完成生态环境保护督察，坚决打赢环境污染防治攻坚战，使我国环境保护和生态文明建设事业发生历史性、根本性和长远性转变；以强烈的问题意识、改革意识、人民意识和辩证意识，开辟了马克思主义人与自然观新境界，开辟了中国特色社会主义生态文明建设的世界观、价值观、方法论、认识论和实践论。

福建洋口林场培育的杉木（刘继广 摄）

党的十九大对党的十七大后形成的生态文明建设和改革措施进行了全面体制优化、制度整合和机制创新。在主体架构方面，通过改革有序地发挥地方党委、地方政府、地方人大、地方政协、司法机关、社会组织、企业和个人在生态文明建设中的作用，逐步形成了生态环境共治的格局。

其中，通过权力清单的建设，确立了权责一致、终身追究的原则。通过环境保护考核、督察、督查、约谈、追责，推进了环境保护党政同责的深入实施。地方人民政府向同级人大汇报生态环境保护工作，政协参与生态环境保护工作的民主监督，检察机关通过生态环境民事公益诉讼和行政公益诉讼加强对企业和地方执法机关的司法监督，公民和社会组织在信息公开的基础上加强了对企业和执法机关的监督，生态环境保护企业特别是龙头企业通过投融资机制积极参与第三方治理，促进了生态环境质量的改善。

通过区域一盘棋的绿色发展改革，整体提升区域经济发展质量和效率，生态环境保护的社会性与自然性不断契合。促进产业结构在更大区域范围内优化、调整甚至一体化发展，京津冀、长三角、珠三角等地加强了区域交通网络建设，调整产业结构和布局，推进区域协同发展。开展“多规合一”，优化国土空间规划。上游与下游间的生态补偿以及森林、草原、湿地、荒漠、海洋、河流、耕地等重点领域和禁止开发区域、重点生态功能区等重要区域生态保护补偿正在全面建立，区域绿色发展的公平机制开始发挥效应。推进排污权交易、碳排放权交易、水权交易、用能权交易、污水和垃圾处理的第三方治理。城乡环境综合整治取得新进展，社会的文明意识和文明水平进入新阶段。在有效监管方面，通过建立健全区域环境影响评价制度和区域产业准入负面清单制度，既提高了行政审批效率，又预防和控制了区域环境风险。

第五节　全面完成生态文明治国体系构建

一、生态文明制度体系

党的十七大报告第一次明确提出建设生态文明的要求。党的十八大报告把生态文明建设纳入“五位一体”总体布局。党的十八届三中全会要求加快

山西省芦芽山国家级自然保护区（刘俊 摄）

建立系统完整的生态文明制度体系。党的十八届四中全会提出用最严格的法律制度保护生态环境。党的十八届五中全会确立了包括绿色在内的新发展理念，提出完善生态文明制度体系。党的十九大报告指出，加快生态文明体制改革，建设美丽中国。党的二十大报告指出，中国式现代化是人与自然和谐共生的现代化，对推动绿色发展、促进人与自然和谐共生作出重大安排部署，为推进美丽中国建设指明了前进方向。

党的十八大以来，关于生态文明建设的思想和实践不断丰富和发展。在“五位一体”总体布局中生态文明建设是其中的一位，在新时代坚持和发展中国特色社会主义基本方略中坚持人与自然和谐共生是其中一条基本方略，在新发展理念中绿色发展是其中一大理念，在三大攻坚战中污染防治是其中一大攻坚战。这些重要部署和要求充分体现了习近平生态文明思想，体现了我们党对生态文明建设规律的把握，体现了生态文明在新时代党和国家事业发展中的地位。党的十九届四中全会《中共中央关于坚持和完善中国特色社会主义制度　推进国家治理体系和治理能力现代化若干重大问题的决定》全面贯彻了党的十八大以来党中央关于生态文明建设的决策部署，进一步明确了坚持和完善生态文明制度体系的总体要求。

践行绿水青山就是金山银山的理念。习近平总书记指出："我们既要绿水青山，也要金山银山。宁要绿水青山，不要金山银山，而且绿水青山就是金山银山。"这是重要的发展理念，体现了人与自然和谐共生的价值取向。我国经济进入高质量发展阶段，生态环境的支撑作用越来越明显。要正确处理生产生活和生态环境的关系，坚持节约资源和保护环境的基本国策，坚持节约优先、保护优先、自然恢复为主的方针，形成节约资源和保护环境的空间格局、产业结构、生产方式、生活方式。

坚持绿色发展。这是建设美丽中国的重要基础，也是推进现代化建设的重大原则。中国的发展决不能以牺牲环境为代价，要坚持生态优先、绿色发展，建立健全绿色低碳循环发展的经济体系，从技术、经济、法治、教育等方面综合施策，倡导简约适度、绿色低碳的生活方式，从源头上推动实现绿色转型，降低资源消耗、减少污染排放、防止生态破坏。

加快污染防治。围绕着力解决突出环境问题，坚持全民共治、源头防治，深化体制机制改革，构建以排污许可制为核心的固定污染源监管制度体系，完善污染防治区域联动机制和陆海统筹的生态环境治理体系。明确环境治理中各主体的责任义务，政府履行主导职责，企业承担主体责任，社会组织和公众发挥参与和监督作用。

筑牢生态安全屏障。这是建设美丽中国的长远大计。要统筹山水林田湖草沙一体化保护和修复，加强对重要生态系统的保护和永续利用，构建以国家公园为主体的自然保护地体系，加强长江、黄河等大江大河生态保护和系统治理，开展大规模国土绿化行动，加快水土流失和荒漠化、石漠化综合治理，保护生物多样性。

构建生态环境保护制度体系。科学把握生态文明建设的系统性、完整性及其内在规律，按照源头预防、过程控制、损害赔偿、责任追究的思路，构建产权清晰、多元参与、激励约束并重、系统完整的生态文明制度体系，健全国土空间开发、资源节约利用、环境污染治理、生态保护修复的体制机制，推动形成人与自然和谐共生、协调发展的新格局。

党的十八大以来生态文明体制改革取得的重大制度成果。相继出台《关于加快推进生态文明建设的意见》《生态文明体制改革总体方案》，制定了40多项涉及生态文明建设的改革方案，修订《环境保护法》，从总体目标、主要原则、重点任务、制度保障等方面对生态文明建设进行全面系统部署。我国生态文明制度体系加快形成，已经建立起生态文明制度的“四梁八柱”，生态文明体制中源头严防、过程严管、损害赔偿、后果严惩等基础性制度框架初步建立；重大基础性改革迈出重要步伐。自然资源资产产权制度改革积极推进，国土空间开发保护制度日益加强，制定自然资源统一确权登记、自然生态空间用途管制办法，推进全民所有自然资源资产有偿使用制度改革，开展空间规划“多规合一”、国家公园体制等试点，推动划定并落实生态保护红线，建立起覆盖全国的主体功能区制度；环境治理体系改革纵深推进。中央环境保护督察制度建立。对省以下环保机构监测监察执法实行垂直管理，全面实行河长制、湖长制、林长制及控制污染物排放许可制，生态环境监测数据质量管理、排污许可、禁止洋垃圾入境等环境治理措施加快推进，开展按流域设置环境监管和行政执法机构试点，增强流域环境监管和行政执法合力，实现流域环境保护统一规划、统一标准、统一防治、统一监测、统一执法。提高污染排放标准，强化排污者责任，健全环保信用评价、信息强制性披露、严惩重罚等制度。构建政府为主导、企业为主体、社会组织和公众共同参与的环境治理体系；资源总量管理和全面节约制度不断强化。资源有偿使用和生态补偿制度持续推进，开展生态环境损害赔偿制度试点。环境保护税、绿色金融、碳排放交易等环保经济政策制定和实施；生态文明绩效评价考核和责任追究制度基本建立。编制自然资源资产负债表，实行领导干部自然资源离任审计，严格执行生态环境损害责任终身追究制，落实环境保护“党政同责”“一岗双责”，推行生态环境保护公益诉讼；生态环境管理体制改革获得重大突破。组建自然资源部，统一行使全民所有自然资源资产所有者职责，统一行使所有国土空间用途管制和生态保护修复职责；组建生态环境部，统一行使生态和城乡各类污染排放监管和行政执法职责。先后修订了《环境保护法》《环境保护税法》《大气污染防治法》《水污染防治法》，制定出台核安全法等法律，法律制度不断完善、更加严密。

完善和发展生态文明制度体系的主要任务已经明确。党的十九届四中全会从实行最严格的生态环境保护制度、全面建立资源高效利用制度、健全生态保护和修复制度、严明生态环境保护责任制度 4 个方面，提出了坚持和完善生态文明制度体系的努力方向和重点任务，包括健全自然资源产权制度，加快建立健全国土空间规划和用途统筹协调管控制度，完善绿色生产和消费

海南尖峰岭森林（刘俊 摄）

的法律制度和政策导向，全面建立资源高效利用制度，构建以国家公园为主体的自然保护地体系，健全生态环境监测和评价制度，落实中央生态环境保护督察制度。

《长江保护法》、国家公园建设、创新生态文明体制机制、河长制及林长制全面推行、推进国家生态文明试验区（海南）建设等治理方略，自然保护地整合优化、“绿水青山就是金山银山”实践创新基地、生态文明建设与生态产品价值转化试点、碳达峰和碳中和等生态文明建设实践重大举措的推行，进一步丰富和发展了生态文明体系实践。

二、赋予林草业生态文明建设主体地位

（一）在生态系统中的基础地位决定林草业的 3 个定位

森林、草原、湿地、荒漠、农田、城市六大生态系统构成了地球陆域主要的生态系统，是人类文明形成和发展的条件与基础。根据方精云院士的研究，我国实现森林、草地和荒漠面积 622 万平方千米，占我国陆域面积的 65%；潜在森林、草地和荒漠面积 947 万平方千米，约占我国陆域面积的 99%。陆域六大生态系统对维护国家生态安全、推进生态文明建设具有基础性、战略性作用。

《中共中央 国务院关于加快林业发展的决定》对林业的发展给了 3 个定位：在贯彻可持续发展战略中，要赋予林业以重要地位；在生态建设中，要赋予林业以首要地位；在西部大开发中，要赋予林业以基础地位。对林业在

生态文明建设中的地位和作用给予了清晰明了的定位，生态文明主战场的地位无可撼动。2018 年机构改革将草原、自然保护地的保护等职能划转到林业部门管理，这能够更加统筹协调建立以森林植被为主体、林草结合的国土生态安全体系。

中国工程院院士、北京林业大学草业与草原学院名誉院长任继周院士指出，林草科学是人类生存的根本。人类自起源开始，就在林草之间活动，人类发展紧紧围绕着林草展开。任院士表示，林草业科学是让人们有一种伦理关怀和生物关怀，就是要主动树立正确的世界观、人生观和价值观。林草作为生物多样性中联系最为紧密的生态系统，开展综合性研究十分重要，各个生产层的研究空间广阔，林草作为生态文明建设的关键环节，战略地位尤为重要。

（二）在生态文明建设中林草业具有主体地位

一是林草业在构建生态文明体系中肩负主体地位。以建设生态文明、促进绿色发展为主题，以改善生态、改善民生为主线，加快发展现代林草业，着力构建生态文明建设五大体系，体现在制度层面的顶层设计是构建国土生态空间体系，林草生态空间具有主体地位。保护和改善森林、草原、湿地、荒漠、农田、城市六大陆域生态系统，维护生物多样性以及发展生态产业、生态文化等诸多方面，林草主体责任无可替代，对拓展生态利用空间、优化生态建设布局、增加生态资源总量负有主体责任，也是建设生态文明、维护生态安全、促进绿色发展的主体力量。

二是肩负国土生态修复的主体责任。统筹山水林田湖草沙综合治理理念，开展造林绿化美化、退耕还林还草、破碎地生态治理、石（荒）漠化综合治理、防护林建设、退化湿地修复和草原草地修复等林草生态修复，不仅是赋予林草业的主要责任，而且是着力解决国土绿色空间不平衡、环境绿化美化不充分的短板，引导群众因地制宜搞好国土生态修复，实现森林草原提质增效，提高防病防灾能力，确保国土生态安全的有效手段。同时林草业还肩负确保木材、木本粮油供应安全的重任，通过“大地种绿”与“心中播绿”并重，积极传播绿色理念，让植绿、护绿、爱绿的意识深深根植于群众心中，实现国土空间增绿、增彩的同时，实现林产品安全，是现代林草业的主要责任之一。

三是肩负林草资源监管和保护主体责任。严守林草生态红线、资源消耗上限，严格落实保护发展森林资源目标责任，健全国家、省、县三级林地保护利用规划体系，加强草原资源监测，落实自然保护地及自然资源有效保护，建立以就地保护为主，近地保护、迁地保护和离体保存为辅的生物多样性保护体系，完善重大林业和草原有害生物防治体系建设，是林草中心工作之一。

四是林草产业肩负生态富民主体责任。生态产品及木材、林下产品和木本粮油等林产品是森林草原的主要附加值，是满足人们美好生活的必需资源，也是林农收入的主要来源。实现国土空间增绿、增彩的同时，带动林农增收、增富，是践行“绿水青山就是金山银山”理念的重要途径。发挥林草金融、林业碳汇等现代金融创新优势，通过森林康养、生态旅游、战略储备林等生态产业化措施，以市场化为导向，盘活林草资源，变资源为资本、变资本为资金，统筹推进生态产业化和乡村振兴，实现生态扶贫与乡村振兴有机衔接，让乡村“靓”起来，群众“富”起来，特色“显”出来，活力“迸”出来，是新时代赋予林草业的主体责任。

（三）在以国家公园为主体的自然保护体系中肩负监督管理者职责

根据党的十九届三中全会审议通过的《中共中央关于深化党和国家机构改革的决定》《深化党和国家机构改革方案》和第十三届全国人民代表大会第一次会议批准的《国务院机构改革方案》，将原国家林业局的职责，原农业部的草原监督管理职责，以及原国土资源部、住房和城乡建设部、水利部、原农业部、原国家海洋局等部门的自然保护区、风景名胜区、自然遗产、地质公园等管理职责整合，组建国家林业和草原局，加挂国家公园管理局牌子。主要负责监督管理森林、草原、湿地、荒漠和陆生野生动植物资源开发利用和保护，组织生态保护和修复，开展造林绿化工作，管理国家公园等各类自然保护地，旨在加大生态系统保护力度，统筹森林、草原、湿地、荒漠监督管理，加快建立以国家公园为主体的自然保护地体系，保障国家生态安全。组建国家林业和草原局是以习近平同志为核心的党中央着眼于党和国家事业全局作出的重大决策，充分体现了党中央、国务院对林业和草原工作的高度重视与有力加强，对推进国家治理体系和治理能力现代化、加强自然生态系统保护修复、统筹山水林田湖草沙系统治理具有重要意义，必将产生深远影响。

建立国家公园体制是我国生态文明建设的重要内容和重大制度创新，是推进自然生态保护、建设美丽中国、促进人与自然和谐共生的一项重要举措。

福州因榕树多而被称为榕城（刘继广 摄）

目的是保持自然生态系统的原真性和完整性，保护生物多样性，保护生态安全屏障，给子孙后代留下珍贵的自然资产。

国家林业和草原局加挂国家公园管理局牌子，赋予监督管理以国家公园为主体的各类自然保护地的重要职责。作为国家公园主管部门，国家林业和草原局会同中央有关部门和各试点省，全面推进国家公园体制试点工作，在管理体制、运行机制、资源保护、政策保障、科研监测、社区共管、多方参与、科普宣教等方面取得了积极成效。2020 年，国家林业和草原局委托中国科学院牵头开展第三方评估验收并组织专家组对评估验收结果进行论证评议。专家组认为，国家公园体制试点任务已基本完成，为加强生态文明建设探索了路径，为全球生态治理提供了中国方案。

（四）在“双碳”目标实现中林草肩负固碳主责

2021 年 9 月 22 日，习近平总书记在第七十五届联合国大会一般性辩论上提出，中国二氧化碳排放力争于 2030 年前达到峰值，努力争取 2060 年前实现碳中和，充分展现了我国全力推进绿色低碳转型和经济高质量发展的巨大勇气和坚定信心，为全球应对气候变化注入一剂“强心针”。碳达峰碳中和目标是我国基于推动构建人类命运共同体的责任担当和实现可持续发展的内在要求而做出的重大战略决策，展示了我国为应对全球气候变化做出的新努力和新贡献，体现了对应对气候变化多边主义的坚定支持，为国际社会全面有效落实《巴黎协定》注入强大动力，重振了全球气候行动的信心与希望，彰显了中国积极应对气候变化、走绿色低碳发展道路、推动全人类共同发展的坚定决心。习近平总书记系列重大宣示向全世界展示了应对气候变化的中国雄心和大国担当，是我国从应对气候变化的积极参与者、努力贡献者，逐步成为重要引领者的关键一步。

实现“双碳”目标的路径在固碳和减排两个方面，且只有两个方向同时发力，才能实现碳中和综合效能。而林业是固碳的主战场，具有天然的优势。首先，林业具备了高质量发展、增加固碳效能的基础条件。近年来，我国积极推进生态系统保护修复工作，森林草原面积和质量得到显著提升。“十三五”期间，全国累计完成造林 3633 万公顷，建设国家储备林 320 万公顷，落实草原禁牧 8000 万公顷、草畜平衡 1.73 亿公顷，天然草原综合植被盖度达到 56.1%，天然草原鲜草总产量突破 11 亿吨，湿地保护率超过 50%，累计治理沙化和石漠化土地 1200 万公顷。根据第九次（2014—2018 年）全国森林资源清查结果，森林覆盖率 22.96%，全国森林蓄积量 175.6 亿立方米，全国森林植被碳储量 91.86 亿吨。其中，天然林蓄积量 136.7 亿立方米（占 80%），人工林蓄积量 33.9 亿立方米（占 20%）。年均林木蓄积量净生长量 7.76 亿立方米，年均采伐量 3.85 亿立方米（占净生长量的 50%）。西藏、云南、四川、黑龙江、内蒙古、吉林 6 省（自治区）共 105 亿立方米，占全国森林蓄积量的 62%。全国乔木林每公顷蓄积量 94.83 立方米，每公顷年均生长量 4.73 立方米。与第八次（2009—2013 年）森林资源清查结果相比，全国森林蓄积量净增 22.79 亿立方米，人工林蓄积量占比提高了 3 个百分点。其次，林草业具有提升生物量，增加碳汇的巨大潜力。一方面，我国森林中人工林占比显著偏高，树种单一、病虫害高发。每公顷森林蓄积只有世界平均水平的 72.4%，仅为巴西的一半，不足德国的 1/3；另一方面，存在巨大的市场需求空间，我国现有用材林面积 6803 万公顷、蓄积量 54.15 亿立方米，但可采资源面积仅占 14.0%、蓄积量仅占 23.3%，木材供需结构性矛盾十分突出。木本粮油、森林食品等非木质林产品供给能力与日益增长的消费需求之间的差距也很大。

中共中央、国务院印发《关于完整准确全面贯彻新发展理念做好碳达峰碳中和工作的意见》，国务院印发《2030年前碳达峰行动方案》，明确提出持续巩固提升碳汇能力的重大任务，部署"碳汇能力巩固提升行动"，对新时期深化生态系统保护修复、巩固生态系统固碳作用、提升生态系统碳汇增量等工作提出新的更高要求。

一是扩大林草面积，巩固提升碳汇能力。科学推进大规模国土绿化。《全国重要生态系统保护和修复重大工程总体规划（2021—2035年）》和《"十四五"林业草原保护发展规划纲要》提出了国土绿化目标任务，科学布局和组织实施青藏高原生态屏障区、黄河重点生态区（含黄土高原生态屏障）、长江重点生态区（含川滇生态屏障）、东北森林带、北方防沙带、南方丘陵山地带、海岸带生态保护和修复重大工程，加快构建以国家公园为主体的自然保护地体系建设。积极开展国家储备林建设，深入开展全民义务植树，拓展全民义务植树新载体，创新义务植树管理机制，积极推进森林城市建设、乡村绿化美化，注重城乡绿化一体化，多形式推动身边增绿增汇。

二是提升林草质量，提高碳汇增量。实施森林质量精准提升工程，科学编制森林经营方案，建立健全森林经营方案制度体系，实施森林经营增汇措施。调整优化林分根本结构，增加混交林比例，适当延长轮伐期，推行以增强碳汇能力为目的的森林经营模式。加强中幼林抚育和退化林修复，加大人工林改造力度，倡导多功能森林经营，持续提高森林生态系统质量和稳定性以及对气候变化的抗性及恢复力。科学谋划草原生态保护修复工程布局，建立健全草原资源管理制度体系，改善草原生态整体状况，提升草原牧区可持续发展能力，扭转草原退化和荒漠化趋势。科学实施湿地保护修复工程，恢复湿地生态功能，增强湿地碳汇能力。在充分做好气候变化动态评估预测的基础上保护和恢复荒漠植被，努力增加旱区植被碳汇增量。通过林草质量提升工程，加强抚育经营管理，持续提升林草系统气候适应性和韧性。

三是全面加强资源保护，减少碳库损失。制定全国自然保护地体系规划，明确气候变化背景下自然保护地体系的建设布局和发展目标。深入开展自然保护地整合优化，推动实施国家公园等自然保护地建设重大工程，全面构建以国家公园为主体、自然保护区为基础、自然公园为补充的自然保护地体系，分类施策，确保重要自然生态系统、自然遗迹、自然景观和生物多样性得到系统性保护，提升自然保护地的固碳能力。全面落实天然林保护制度，继续停止天然林商业性采伐。严格执行林地使用定额管理制度，依法依规审核审批建设项目使用林地，确保林地保有量不减少。切实加强森林采伐管理，继续执行采伐限额和凭证采伐管理制度。科学落实禁牧休牧和草畜平衡制度，遏制超载过牧行为。建立重要湿地监测体系，严格湿地用途监管，稳步提升湿地保护率。健全沙化土地封禁保护修复制度，进一步加大荒漠植被保护力度。结合林长制督查，严厉打击毁林、毁草、毁湿等各类违法犯罪行为，严禁擅自改变林地、草地、湿地用途和性质，减少不合理土地利用、土地破坏等活动导致的碳排放。严格落实防火责任，实行网格化管理，提高监测、预警和应急处置能力，加强野外用火管控，强化早期火情处理和专业队伍建设，提升重点区域综合防控水平，保护林草资源安全，减少林草火灾导致的碳损失。提高沙尘暴灾害应急处置能力，减少因沙尘暴灾害破坏林草资源导致的碳损失。加强林草有害生物防控和预测预警，全力遏制林草外来有害生物扩散蔓延态势，减少因病虫害破坏林草资源造成的碳排放。

四是大力发展生物质能源和木竹替代，实现生物减排固碳。因地制宜开展能源林培育，加强现有低产低效能源林改造，稳步提高能源林建设规模和质量。培育扶持龙头骨干企业，逐步推进林业生物质能源分布式、基地型、园区集约化发展。加强生物质热化学转化及多联产技术科技攻关，打造综合利用发展模式，推进林业生物质能源梯级利用。推进优质木竹资源定向培育与利用，提高生物固碳效率。强化木竹精深加工，推广清洁生产技术和环保设备，加快产业绿色转型。支持在有条件的地区优先推广使用木结构和木竹建材，积极拓展木竹材料在建筑、装饰、管道、包装、运输等领域的应用。鼓励地方建立健全木竹产品回收利用机制。开展关键技术攻关，提升木竹材料质量和稳定性，延长使用寿命和储碳时间。加强木竹产品标准体系建设和宣传推广，提升公众接受度。

五是做好服务保障措施，助力碳汇能力持续巩固提升。加强组织领导，健全管理制度，建立工作机制，把应对气候变化工作纳入各级林草主管部门的重要日程，压实责任，确保如期实现《意见》和《方案》提出的目标和重点任务。持续完善林草生态保护修复政策，健全生态产品价值实现的支持政策。积极探索政策创新，建立林草碳汇行动激励机制。推进建立林草生态产品价值核算评估体系，丰富林草碳汇等绿色生态金融产品。在不新增隐性债务的前提下，鼓励金融机构创新金融产品和服务方式，支持社会资本依法依规参与林草碳汇行动，调动政府、社会、企业、组织和个人参与林草碳汇行动的积极性，为林草碳汇行动建立多元化的投入机制。优化林草碳汇计量监测体系建设，开展增汇理论与关键技术研发。加强林草碳汇领域高层次人才培养和引进，发挥科研院所、大专院校人才优势，成立林草碳汇咨询专家委员会，发挥专家咨询作用。强化地方林草碳汇人才队伍建设，围绕林草碳汇重点工作需求和短板，组织开展形式多样的林草碳汇专题培训，建立健全培训制度，实现培训工作常态化。

（五）在生态富民助推乡村振兴中林草业负有重要责任

习近平总书记在浙江安吉强调，“经济发展不能以破坏生态为代价，生态本身就是经济，保护生态就是发展生产力。”“在保护好生态前提下，积极发展多种经营，把生态效益更好转化为经济效益、社会效益。”中国特色社会主义进入新时代，坚持以人民为中心，以高质量发展为主线，不断实现人民群众对美好生活的向往已经成为时代的主旋律。按照机构改革新的功能定位，林草部门的主要职责是组织林业和草原及其生态保护修复并负责对其组织监督管理，负责监督管理以国家公园为主体的各类自然保护地等。森林是陆地生态系统的主体，草原是陆地生态系统的重要组成部分，林草主管部门管理着林地、草地、湿地、自然保护地及丰富的物种资源。我国山区和林区面积占国土面积的69%，直接关系到近60%的人口。职责和使命决定，林草业负有生态富民、助推乡村振兴的重要责任。

中国特色社会主义进入新时代，我国社会主要矛盾已经转化为人民日益增长的美好生活需要和不平衡不充分的发展之间的矛盾。一方面，人民群众在解决温饱问题和进入小康社会以后，需求层次开始升级，消费结构开始优化，对清新空气、清澈水质、清洁环境等生态产品的期望越来越高；另一方面，随着经济和社会发展的不断提速，财富的聚集效应愈加明显，然而梯度效应和扩散效应进程缓慢，地区和城乡发展不平衡不充分的问题凸显出来，成为民生福祉持续提升的瓶颈。由此可以看出，随着我国社会主要矛盾变化，生态问题仍然是制约我国全面发展的突出问题，生态产品仍然是我们最基本和最短缺的消费品；森林等自然可再生资源作为“绿色银行”的作用仍然没有充分发挥，山区林区兴林富民和乡村振兴的愿望仍然没有完全实现。林草部门承担着加强生态建设、提供优质生态产品、保障经济社会高质量发展的职责使命，负有生态富民、助推乡村振兴的重要责任。发挥生态服务功能和林草新业态、丰富的绿色产品优势，更多地满足人民日益增长的优美生态环境需要，是林草业生态文明建设的当然使命。

三、林业生态文明建设体系不断完善

习近平总书记强调，改革只有进行时，没有完成时；要坚持正确改革方向，尊重群众首创精神，积极稳妥推进集体林权制度创新，探索完善生态产品价值实现机制；国有林区和国有林场改革要守住保生态、保民生两条底线。国有林区、林场、集体林改三项改革虽然取得了阶段性成果，但仍有许多瓶颈问题有待破解，特别是与基层需求、百姓期盼存在较大差距。国家林业和草原局提出，“十四五”期间要继续深化集体林权制度改革，既要把握改革正确方向，又要尊重群众首创精神，其核心是要做好“三权分置”这篇文章，以稳定承包权、放活经营权带动规模化经营。改革过程中，既要守住不能把林子改没了改少了、不能借机违规建别墅和高尔夫球场的底线，又要积极探索生态产品价值实现机制，尽力为农民增收提供多元化政策支持；要继续深化国有林区改革，处理好改革与稳定、保护与发展之间的关系，进一步完善国有林区管理体制、生态补偿机制，坚决反对“等靠要”思想，切实增强内生发展动力；要继续深化国有林场改革，探索建立与经营活动收入挂钩的薪酬分配制度，完善职工绩效考核激励机制，推动国有林场种苗产业发展，落实森林经营方案，提高森林资源质量，增强林场发展活力和效益。

（一）建立了以国家公园为主体的自然保护地体系

习近平总书记强调，国家公园是我国自然生态系统最重要、自然景观最独特、自然遗产最精华、生物多样性最富集的部分；中国实行国家公园体制，目的是保持自然生态系统的原真性和完整性，保护生物多样性，给子孙后代留下珍贵的自然资产。建立以国家公园为主体的自然保护地体系，是贯彻习近平生态文明思想的重大举措，是党的十九大提出的重大改革任务。自然保护地是生态建设的核心载体、中华民族的宝贵财富、美丽中国的重要象征，在维护国家生态安全中居于首要地位。我国经过 60 多年的努力，已建立数量众多、类型丰富、功能多样的各级各类自然保护地，在保护生物多样性、保存自然遗产、改善生态环境质量和维护国家生态安全方面发挥了重要作用。2019 年 6 月，中共中央办公厅、国务院办公厅印发了《关于建立以国家公园为主体的自然保护地体系的指导意见》，标志着以国家公园为主体的自然保护地体系正式形成，同时赋予国家林业和草原局以相应的管理者责任。

截至 2019 年年底，我国已建立各级各类自然保护地超过 1.18 万个，保护面积覆盖我国陆域面积的 18%、领海的 4.6%，在维护国家生态安全、保护生物多样性、保存自然遗产和改善生态环境质量等方面发挥了重要作用。但长期以来存在的顶层设计不完善、管理体制不顺畅、产权责任不清晰等问题，与新时代发展要求不相适应。

党中央、国务院对建立以国家公园为主体的自然保护地体系高度重视。2018 年初，党和国家机构改革方案有关文件中明确，加快建立以国家公园为主体的自然保护地体系，组建国家林业和草原局，加挂国家公园管理局牌子，由国家林业和草原局统一监督管理国家公园、自然保护区、风景名胜区、海洋特别保护区、自然遗产、地质公园等自然保护地。

指导意见明确了建成中国特色的以国家公园为主体的自然保护地体系的总体目标，提出 3 个阶段性目标任务：到 2020 年构建统一的自然保护地分类分级管理体制；到 2025 年初步建成以国家公园为主体的自然保护地体系；到 2035 年自然保护地规模和管理达到世界先进水平，全面建成中国特色自然保护地体系。按照自然生态系统原真性、整体性、系统性及其内在规律，指导意见将我国自然保护地按生态价值和保护强度高低，依次分为国家公园、自然保护区、自然公园三大类型。国家公园是以保护具有国家代表性的自然生态系统为主要目的的区域。自然保护区是保护典型的自然生态系统、珍稀濒危野生动植物种的天然集中分布区、有特殊意义的自然遗迹的区域。自然公园是保护重要的自然生态系统、自然遗迹和自然景观，具有生态、观赏、文化和科学价值，可持续利用的区域。

根据《国家公园空间布局方案》，全国拟布局 49 个国家公园候选区。根据国家林业和草原局的部署，按照“成熟一个设立一个”的原则，正稳步推进国家公园创建工作。“十四五”时期将重点创建黄河口、秦岭、亚洲象等一大批国家公园，完善自然保护地领域法律制度体系，加快推进自然保护地、国家公园立法，出台国家公园管理办法。同时，将尽快启动自然保护地整合优化工作，推动解决历史遗留问题、现实矛盾冲突和地方面临实际困难。

2021 年 10 月 12 日在联合国《生物多样性公约》缔约方大会第十五次会议上，中国政府宣布正式设立武夷山国家公园、海南热带雨林国家公园、东北虎豹国家公园、大熊猫国家公园、三江源国家公园为首批 5 个中国国家公园。从西部高原到东南丘陵、从东北雪原到海岛雨林，5 个国家公园覆盖了中国最美丽、最自然、最多样的 23 万平方千米国土面积，保护着中国 30% 以上的野生生物种类。

武夷山国家公园：位于福建省与江西省交界处，是 5 个国家公园中面积最小的一个，也是唯一一个世界文化与自然双遗产地。公园所在的武夷山脉犹如一道天然屏障，令季风带来的水汽受阻抬升从而形成大量降雨，年降水量可达 2000 毫米，是中国降水最丰富的地区之一。在千百万年的风雨雕琢下，武夷山的外层岩体逐渐风化剥离，露出富含铁离子的红色砂砾岩，呈现出群峰林立的丹霞地貌。充裕的降水孕育了 956 平方千米的中国东南部最具代表性的亚热带常绿阔叶林，是全球同纬度面积最大的亚热带常绿阔叶林生态系统。繁茂的森林孕育了异常多样的生物，近 150 年来陆续有超过 1000 个新物种被发现，其中的许多新物种就以当地地名为名，如武夷杜鹃、武夷小檗、武夷槭、崇安髭蟾、崇安草蜥、崇安斜鳞蛇等。武夷山还是乌龙茶和红茶的故乡，著名的“大红袍”和“正山小种”就是从这里走向世界的。

海南热带雨林国家公园：主体位于海南岛中部山区，总面积 4269 平方千米，约占海南岛陆域面积的 1/7，并囊括全岛的主要山川，园内温暖潮湿的水热条件孕育了全岛 95% 以上的原始森林，以及中国连片面积最大的热带雨林。丛林深处生活着全国 11% 的维管植物、20% 的两栖动物、33% 的爬行动物、39% 的鸟类、20% 的哺乳动物，其生物多样性指数与亚马孙雨林不相上下，是中国生物种类最密集的地方。其中，海南长臂猿是中国最珍稀的动物之一，它曾广泛分布在中国南方，如今在人类活动的影响下仅剩约 35 只，而这里是它们最后的避风港。

东北虎豹国家公园：位于吉林省、黑龙江省广大地区，同时又毗邻俄罗斯和朝鲜两国。面积 1.46 万平方千米，繁茂的温带针阔混交林生态系统是众多生物的家园，400 多种飞禽走兽栖居于此，在公园内形成了完整的森林生态系统食物链。其中最引人瞩目的物种当属东北虎，体长可超过3米，重量可达350千克左右，是目前体型最大的猫科动物，也是森林生态系统中的顶级掠食者，对维持当地的生态系统平衡起着关键的作用，有效保护和恢复东北虎豹野生种群，实现其在中国境内稳定繁衍生息；有效解决东北虎豹保护与人的发展之间的矛盾，实现人与自然和谐共生；有效推动生态保护和自然资源资产管理体制创新，实现统一规范高效管理。

大熊猫国家公园：大熊猫国家公园面积为2.7134万平方千米，划分为四川省岷山片区、邛崃山—大相岭片区、陕西省秦岭片区和甘肃省白水江片区，其中四川园区占地面积20177平方千米，甘肃园区2571平方千米，陕西园区4386平方千米。公园横跨四川、陕西和甘肃三省涉及12个市（州）、30个县（市、区），在悠长的地质岁月里板块碰撞、大地撕扯，在公园中形成了高山、峡谷、大河、险滩等丰富的地貌，其中秦岭山系横亘东西岷山、邛崃山和大小相岭纵贯南北复杂的山地形成了一个生物秘境，山间苍郁、林下幽然，两百多万年前第四纪大冰期的到来，导致大量生物灭绝，大熊猫国家公园所在的山地却提供了一个良好的庇护所，令众多孑遗物种得以留存至今，其中最有名的就是大熊猫，如今全国87%的野生大熊猫都生活于公园中。而大熊猫也被称作伞护种，因为在它受到国家公园保护的同时，就像撑开了保护伞一样，也保护了小熊猫、川金丝猴、雪豹、云豹、林麝、羚牛、朱鹮、红豆杉、独叶草、珙桐等其他珍稀生物，此外，大熊猫国家公园的建立将过去的77个自然保护地全部囊括，原本零散的保护区整合为一，让生活于此的野生生物可以进行更大范围的基因交流。

三江源国家公园：位于中国的西部，青藏高原的腹地、青海省南部，以山原和高山峡谷地貌为主，平均海拔4500米以上，包括长江源、黄河源、澜沧江源3个园区，总面积为12.31万平方千米，占三江源面积的31.16%。公园是世界上海拔最高、面积最大、高寒生态系统最完整的自然遗产之一，雪山冻土之中冰封着数千亿立方米的淡水资源，每年有约500亿立方米淡水会由此流下高原汇聚成长江、黄河与澜沧江，这里因而得名“三江源”。这三条大河为至少18个省（自治区、直辖市）、5个周边国家地区超过10亿人提供淡水资源，堪称名副其实的“中华水塔”。公园内藏羚数量已经恢复到7万余只，每年夏季的藏羚大迁徙已经成为这里最壮观的风景。独特的生态系统、独特的“中华水塔”让三江源国家公园成了我们无可取代的一片高原净土。

海南山水景观（刘俊 摄）

D 群海南长臂猿（海南热带雨林国家公园管理局 供图）

（二）林长制为实现“林长治”构建了组织保障

2021 年 1 月，中共中央办公厅、国务院办公厅正式发布《关于全面推行林长制的意见》，体现了全社会对林长制由基层实践探索到全国试点推进上升为党中央的顶层设计的充分认可。中央要求到 2022 年 6 月在全国全面建立林长制。

林长制是以习近平新时代中国特色社会主义思想为指导，深入贯彻习近平生态文明思想，以全面提升森林和草原等生态系统功能为目标，以压实地方各级党委和政府保护发展森林草原资源主体责任为核心的制度创新。林长制为进一步加强森林草原资源保护提供了有力手段，有利于促进人与自然和谐共生，有利于增进人民群众的生态福祉，有利于促进生态文明和美丽中国建设。

林长制以制度体系建设为核心，以监督考核为手段，坚持生态优先、保护为主，坚持绿色发展、生态惠民，坚持问题导向、因地制宜，坚持党委领导、部门联动，全面落实地方党政领导干部保护发展森林草原资源目标责任制，是构建生态文明制度体系的重要组成部分，是提升我国林草治理体系和治理能力现代化的必然要求，是今后一个时期森林草原资源保护发展的重大制度保障和长效工作机制。

从 1985 年到 2002 年，习近平总书记在福建工作了 17 年半。早在闽东工作时习近平总书记就提出要抓林业责任制的理论。2003 年，《中共中央、国务院关于加快林业发展的决定》也明确提出：各级党委和政府要高度重视林业工作。各有关部门要认真履行职责，密切配合，支持林业发展。根据加快林业发展的需要，强化林业行政管理体系，加强各级政府的林业行政机构建设。建立完善的林业动态监测体系。但在实际推行进程中，不仅迟迟没有提出一套明确的思路，而且随着社会经济的快速发展和新的主要社会矛盾的日益激发，生态文明建设任务重与“小马拉大车”的不匹配矛盾在林业行业表现得越来越突出，一方面，上层越来越感觉到在生态文明推进中抓手不够有力，另一方面，基层林业工作愈来愈难做，话语权越来越小，感觉可以凭借的依托在不断弱化。就是在这一背景下，一种新的机制呼之欲出。

在这个过程中，河长制提供了一个可供借鉴的成功案例。2003 年，浙江长兴县为创建国家卫生城市推出了片长、路长、里弄长，效果很好。同年 10 月，在全国率先对城区河流试行河长制。2007 年，无锡率先实行河长制。2008 年，江苏在太湖流域全面推行“河长制”。2009 年起，江苏对 15 条重要入太湖河道，实行省政府领导和省有关厅局负责人担任省级层面河长的双河长制。2011 年至 2016 年，79 个“河长制”管理断面水质综合判定达标率基本维持在 70% 以上，2012 年主要饮用水源地水质达标率 100%。2016 年年底，中共中央办公厅、国务院办公厅下发《关于全面推行河长制的意见》，明确提出在 2018 年年底全面建立河长制。

林长制实际上起源于江西、成长于安徽。2016 年，江西省抚州市率先试

山西省晋城市中条山国有林区历山自然保护区（刘俊 摄）

点“山长制”，武宁县率先试点“林长制”。2017 年 3 月，安徽省在全国率先探索实施林长制改革，合肥和安庆两市先后启动了“林长制”。2017 年 6 月 2 日，旌德县在全国县级层面率先出台《关于全面推行林长制的意见》。2017 年 9 月 18 日，安徽省委、省政府正式出台《关于建立林长制的意见》，安徽在全国率先建立林长制的大幕正式拉开。

2019 年 4 月，国家林业和草原局同意支持安徽省创建全国林长制改革示范区。根据《安徽省创建全国林长制改革示范区实施方案》，安徽省提出 5 大任务 17 项具体举措，其中包括强化护绿，切实保障林业生态安全，加强自然保护地统一监管、林业资源安全巡护、生物多样性保护；加快增绿，推进森林资源高质量发展，动员社会力量参与国土绿化，推进城乡绿化融合发展，推行森林可持续经营，推动区域林业生态整体提升。

截至 2020 年年底，全国有安徽、江苏等 23 个省（自治区、直辖市）全面或在部分地区试点实施林长制。其中，安徽、江西、山东、重庆等 7 个省（直辖市）在全域推行试点，其他 16 个省份在部分地县开展试点。

2020 年 11 月 2 日，中央全面深化改革委员会第十六次会议审议通过《关于全面推行林长制的意见》。2021 年 1 月，中共中央办公厅、国务院办公厅印发《意见》。2021 年 3 月 19 日，国家林业和草原局印发贯彻落实《意见》实施方案，4 月 9 日，召开全面推行林长制工作视频会议，提出力争年底前全面建立省、市、县、乡、村等各级林长体系的目标。

截至 2021 年 10 月 7 日，各省均已印发省级实施文件，均由党委、政府主要负责同志担任总林长，实行“双挂帅”。按时间统计，安徽、江西、山东、海南、山西、贵州 6 个省在《意见》出台前印发实施文件，13 个省在 2021 年 2—6 月印发实施文件，6 个省在 7—8 月印发实施文件，7 个省在 9—10 月印发实施文件。

安徽、江西、山东、海南、贵州、福建等 12 个省建立了林长组织体系、责任体系、制度体系，形成以林长担纲、林长会议为决策平台、林长办为执行机构、政府各部门协同配合的林长制工作运行机制，其余省份正在积极推进。各级林长职责明确、带头履职尽责，着力研究解决林草保护发展重大问题。18 个省出台了相关配套制度，安徽、河北、贵州、北京 4 省（直辖市）建立“林长 + 检察长”协作制度，多地创新推出“林长 + 警长”“林长 + 法院院长”等工作机制，加强公益诉讼、案件查处，促进各方履职尽责，保护

安徽省安庆市天柱山（刘继广 摄）

林草资源。安徽出台《安徽省林长制条例》，促进林长制各项制度法制化。江西实施“三单一函”制度，九江市出台《九江市林长制责任追究办法（试行）》，压实林长责任。

各地结合区域林草资源禀赋特点设立林长和确定职责，通过林长制解决单靠林草部门想干而又干不了的大事、难事，解决制约区域生态建设的重点、难点、堵点问题。各地多措并举推进林长制，8 个省发布总林长令。福建长汀县将涉林违法问题查处列入林长制考核内容。海南海口市在各区、镇（街道）设立“林长制专岗”，昌江县为村级林长发放岗位补贴。新疆探索“兵地融合”一体化模式，坚持问题导向、部门联动，强化林草资源保护和生态修复。广西设立红树林林长，强化对红树林的保护。

一是党政领导林草生态保护意识明显增强。林长制使林草资源保护发展进入党政领导核心工作，将林草生态建设纳入统筹推进“五位一体”总体布局和协调推进“四个全面”战略布局。安徽、福建、北京、重庆、新疆等 16 个省（自治区、直辖市）总林长带头履职，组织召开省级林长会议，研究解决林草保护发展难题，推动区域生态建设大发展。2021 年上半年，全国完成造林 303.5 万公顷，安徽、江西、福建、山东、贵州等林长制先行省率先完成全年造林任务，森林火灾发生率同比下降 39.8%。

二是多部门协同联动治理合力正在形成。林长制通过林长牵头，整合多部门条块管理资源，建立齐抓共管、综合施策、同向发力的林草治理新格局，解决了许多积年难题，较好实现了山水林田湖草沙系统治理。例如，安徽蚌埠市大洪山林场非法采石破坏生态问题的彻底根治、山东历史遗留 1889 处废弃矿山的生态修复、广西红树林的保护等，都是林长制下多部门协同发力、共同治理的典型。据统计,2021 年上半年，各地共发生林草行政案件数量 4.17 万起，同比下降 27.07%，林长制有力地遏制了破坏林草资源的违法行为。

三是林草资源保护发展源头管理不断强化。林长制通过科学确定林长责任区域，明确任务清单和考核目标，构建林草资源网格化、全覆盖管理体系，真正实现山有人管、林有人造、树有人护、责有人担。例如，江西推行网格化管理，把全省林地划成 25190 个网格，将每个网格的森林资源管护责任，明确到县、乡、村每个林长，明确到每个护林员，利用林长制信息系统，建立护林巡护、问题上报、问题查处、结果验证的监管闭环，建立了行之有效的森林资源源头保护管理机制，成效显著。

四是兴林富民绿色产业快速发展。通过实施林长制，完善外部制度供给，破解了林草生态效益补偿低、社会资本参与林草生态建设积极性不高等难题，加强了基础设施建设，促进了生产要素向林草聚集，林草产业进一步发展。安徽、江西 2017 年实施林长制以来，林业产业总产值每年分别以 8.8% 和 7.2% 的速度增长，取得明显成效。2021 年，安徽在启动深化新一轮林长制改革中，明确提出“碳汇森林”“金银森林”等五大森林行动，发挥绿水青山的经济、生态、社会效益。

五是推深做实林长制社会氛围逐步形成。2017 年以来，新华社、《人民日报》《光明日报》、中央电视台等中央媒体多次刊载安徽等地推行林长制的做法，央视《焦点访谈》栏目专题访谈林长制。2020 年，安徽邀请第三方评估林长制实施情况，评估结果显示林长制社会满意度 89.6%，推行林长制的做法和成效得到了社会各界的广泛认可。

（三）林草业改革攻坚取得突破

一是集体林权制度改革取得成效。我国现有集体林地面积 1.86 亿公顷，占全国林地总面积的 60% 左右。2008 年 6 月 8 日，中共中央、国务院出台《关于全面推进集体林权制度改革的意见》。2009 年 6 月 22 日，党中央召开了新中国成立以来的首次中央林业工作会议，对集体林权制度改革做出了全面部署，改革在全国范围内全面推开。截至2015年年底，全国除上海和西藏以外，29 个省（自治区、直辖市）已确权 1.8 亿公顷。通过林权制度改革，林业新型经营主体不断壮大：新型经营主体数量 18.42 万个，经营面积 2420 万公顷，财政奖补资金 14.66 亿元，雇工人数 463.44 万人。林业专业合作组织已覆盖全国，涉及种苗、花卉、用材林、经济林、林产品加工与销售、中草药种植、林下经济、森林旅游等领域，呈现旺盛生命力和良好发展势头；林下经济发展良好：2015 年全国林下经济产值 5804 亿元，参与农户 5706 万户，其中森林人家 956 万户。林下经济奖补资金 29.13 亿元；林权抵押贷款增长明显：全国 28 个省份开展了林权抵押贷款，抵押面积 660 万公顷，贷款金额 2016 亿元；森林保险快速发展：全国 26 个省份开展了森林保险，投保面积 1.14 亿公顷，保险金额 8560 亿元，保费 28.94 亿元，平均每公顷保险金额 7490 元、保费 25 元。至 2020 年，集体林地“三权分置”和林权流转稳步推进，新型经营主体达 28.39 万个，经营林地近 2667 万公顷，社会资本有序进入林业，集体林业发展质量和效益有所提升。草原领域改革加快推进，正式发布了《关于加强草原保护修复的若干意见》。

二是国有林场改革取得新进展。党中央、国务院高度重视国有林场改革。2010 年 5 月，国务院第 111 次常务会议专门研究了国有林场改革问题。2011 年 1 月，国家发展改革委、国家林业局印发了《关于开展国有林场改革试点的指导意见》，提出选择部分省先行开展改革试点。2011 年 10 月，国有林场和国有林区改革工作小组正式确定河北、浙江、安徽、江西、山东、湖南和甘肃 7 省为全国国有林场改革试点地区，其中江西、湖南 2 省为整省开展试点，其他 5 省选择部分地区开展试点，国有林场改革试点工作正式启动。2013 年 8 月 5 日，国家发展改革委会同国家林业局批复了 7 省改革试点方案。2015 年 10 月到 12 月，国有林场和国有林区改革工作小组先后对浙江、江西和甘肃 3 省的国有林场改革试点工作进行了验收，验收结果全部合格，试点取得了显著成效。2015 年 2 月 8 日，中共中央、国务院印发《国有林场改革方案》，3 月 17 日国务院专门召开全国国有林场和国有林区改革工作电视电话会议，部署全面推进国有林场改革工作，国有林场改革全面启动。中央财政在 2012 年、2014 年安排 36.6 亿元改革试点补助资金的基础上，2015 年又

海南尖峰岭山清水秀自然美（刘俊 摄）

安排36.3亿元改革补助资金，补助资金达到了72.9亿元，2015年中央财政国有贫困林场扶贫资金由3.6亿元提高到4.2亿元。《交通运输部关于贯彻落实中发〔2015〕6号文件促进国有林场（区）道路持续健康发展的通知》、人力资源和社会保障部《国有林场岗位设置管理的指导意见》、国家林业局《国有林场备案办法》等一系列政策的出台，有力地支持了改革工作。至2020年，国有林场改革通过国家验收，国有林场数量由4855个整合为4297个，95.5%的林场被定为公益性事业单位，保生态、保民生改革目标基本实现。

三是国有林区改革取得突破。2015年2月8日，中共中央、国务院出台了《国有林区改革指导意见》进一步明确，国有林区是我国重要的生态安全屏障和森林资源培育战略基地，是维护国家生态安全最重要的基础设施；深入实施以生态建设为主的林业发展战略，以发挥国有林区生态功能和建设国家木材战略储备基地为导向，到2020年，基本理顺中央与地方、政府与企业的关系，实现政企、政事、事企、管办分开，林区政府社会管理与公共服务职能得到进一步强化，森林资源管护和监管体系更加完善，林区经济社会发展基本融入地方，生产生活条件得到明显改善，职工基本生活得到有效保障；区分不同情况有序停止天然林商业性采伐，重点国有林区森林面积增加36.67万公顷左右，森林蓄积量增长4亿立方米以上，森林碳汇和应对气候变化能力有效增强，森林资源质量和生态保障能力全面提升。2015年3月17日，国务院组织召开了国有林场和国有林区改革工作电视电话会议，决定从2015年4月1日起，全面停止吉林森工集团、长白山森工集团、内蒙古大兴安岭森工集团以及吉林营林4局、内蒙古岭南8局和内蒙古大兴安岭山脉100个国有林场的天然林商业性采伐，重点国有林区每年减少消耗木材362万立方米（出材），实现森林采伐到生态保护的重大转型。至2020年，国有林区改革7项任务基本完成，5项支持政策基本到位，实现了政事企分开，建立了新的森林资源管理体制，森林资源持续稳定增长，林区基础设施条件明显改善。

（四）生态补偿制度创新生态资源价值实现机制

2021年，中共中央办公厅、国务院办公厅印发了《关于深化生态保护补偿制度改革的意见》（以下简称《意见》），要求坚持稳中求进工作总基调，立足新发展阶段，贯彻新发展理念，构建新发展格局，践行“绿水青山就是金山银山”理念，完善生态文明领域统筹协调机制，加快健全有效市场与有为政府更好结合、分类补偿与综合补偿统筹兼顾、纵向补偿与横向补偿协调推进、强化激励与硬化约束协同发力的生态保护补偿制度，推动全社会形成尊重自然、顺应自然、保护自然的思想共识和行动自觉，做好碳达峰、碳中和工作，加快推动绿色低碳发展，促进经济社会发展全面绿色转型，建设人与自然和谐共生的现代化，为维护国家生态安全、奠定中华民族永续发展的生态环境基础提供坚实有力的制度保障。这标志着生态价值有偿使用的价值实现机制正式建立。

《意见》要求，健全以生态环境要素为实施对象的分类补偿制度，综合考虑生态保护地区经济社会发展状况、生态保护成效等因素确定补偿水平，对不同要素的生态保护成本予以适度补偿。坚持生态保护补偿力度与财政能力相匹配、与推进基本公共服务均等化相衔接，按照生态空间功能，实施纵横结合的综合补偿制度，促进生态受益地区与保护地区利益共享。合理界定生态环境权利，按照受益者付费的原则，通过市场化、多元化方式，促进生态保护者利益得到有效补偿，激发全社会参与生态保护的积极性。加快相关领域制度建设和体制机制改革，为深化生态保护补偿制度改革提供更加可靠的法治保障、政策支持和技术支撑。健全生态保护考评体系，加强考评结果运用，严格生态环境损害责任追究，推动各方落实主体责任，切实履行各自义务。

我国生态效益补偿机制是在大量的实践经验基础上形成的。

1. 森林生态效益补偿生态价值实现实践

建立了森林生态效益补偿制度。1984 年《森林法》规定要建立森林效益补偿基金，1998 年修订《森林法》提出“国家设立森林生态效益补偿基金”，我国开始了森林生态效益有偿使用探索，但直到 2001 年，补偿基金来源始终没有得到解决。经国务院同意，才真正开始试点起来。

第一步，2001 年启动了补助试点（2001—2003 年），2002—2003 年，中央财政每年安排 10 亿元在 11 个省份试点总面积 1333 万公顷，补助标准为 5 元 / 亩。

第二步，扩大补偿规模（2004—2009 年）。在 3 年试点的基础上，2004 年正式建立了中央财政森林生态效益补偿基金。2004 年 5 月，国家林业局、财政部修订出台了《重点公益林区划界定办法》，重点公益林的区划范围包括江河源头等 7 大类区域的林地，全国共区划界定重点公益林面积 1.041 亿公顷。2009 年 9 月，国家林业局、财政部修订出台了《国家级公益林区划界定办法》，国家级公益林区划范围由七大类扩大到八大类，除原规定的 1 大区划范围外，将东北、内蒙古重点国有林区以禁伐区为主体，符合下列条件之一的区划为国家级公益林：一是未开发利用的原始林，二是森林和陆生野生动物类型自然保护区，三是以列入国家重点保护野生植物名录树种为优势树种，以小班为单元，集中分布、连片面积 30 公顷以上的天然林。2012 年共区划界定公益林 1.244 亿公顷，其中，国有 0.711 亿公顷，集体和个人 0.533 亿公顷。2004 年中央财政预算安排 20 亿元，按照每亩 5 元的标准用于对 2666.67 万公顷重点公益林管护者发生的营造、抚育、保护和管理支出给予补助。资金规模和补偿面积比试点期间翻了一番。2006 年补偿基金规模扩大到 30 亿元，2007 年增加到 33.4 亿元，2008 年增加到 34.95 亿元。2009 年，中央财政大规模增加了补偿面积和资金，将已区划的非天保区国家级公益林和天保区新增造林全部纳入补偿范围，补偿面积达到 6993.33 万公顷，补偿资金达到 52 亿元。

进一步提高国家级公益林的补偿标准（2010 年以来）。根据 2009 年中央林业工作会议和《中共中央、国务院关于加大统筹城乡发展力度进一步夯实农业农村发展基础的若干意见》有关提高国家级公益林补偿标准的精神，从 2010 年起，中央财政将集体和个人所有的国家级公益林补偿标准为每亩每年 5 元提高到 10 元。当年安排补偿基金 75.8 亿元。2013 年中央财政又将补偿标准由每亩每年 10 元提高到 15 元，当年安排补偿资金 148.1 亿元。2015 年中央财政将国有国家级公益林补偿标准由每亩每年 5 元提高到 6 元，当年安排补偿资金 156 亿元。2014 年 4 月，财政部、国家林业局联合印发了《中央财政林业补助资金管理办法》（财农〔2014〕9 号），森林生态效益补偿补助作为中央财政林业补助资金的组成部分，正式在制度上予以确认。2001—2015 年中央财政累计安排森林生态效益补偿基金 956 亿元。

地方政府开展建立健全森林生态效益补偿机制的有益探索。北京市从 2010 年开始，建立山区生态公益林生态效益促进发展资金，按照每亩每年 40 元的标准执行，其中生态补偿资金每亩每年 24 元，森林健康经营管理资金每亩每年 16 元。根据山区生态公益林的资源总量、生态服务价值、碳汇量的增长情况和国民及经济社会发展水平，合理核定发展资金增加额度，每 5 年调整一次。广东省级以上公益林补偿基金与中央财政补偿基金并账核算，标准平均为每亩每年 24 元，其中基础性补偿标准 19.5 元、激励性补助标准 6.5 元，逐步实现生态公益林差异化补偿。浙江省从 2004 年开始实施地方公益林补偿制度，补偿标准为每亩每年 8 元，到 2015 年公益林补偿标准提高到每亩每年 30 元。江西省从 2006 年开始建立地方生态公益林省级补偿机制，2015 年补偿标准达到每亩每年 20 元。江苏省 2002 年就建立了省级生态补偿制度，当年补偿标准为每亩每年 8 元，从 2013 年起补偿标准提高到 25 元。

2. 湿地生态效益补偿机制实践

根据中共中央、国务院《关于 2009 年促进农业稳定发展农民持续增收的若干意见》和中央林业工作会议精神，从 2010 年起，由中央财政安排专项资金开展湿地保护补助试点工作。2014 年起，国家林业局、财政部又开展了退耕还湿试点、湿地生态效益补偿试点和湿地保护奖励等工作。

湿地保护与恢复：对现有的国际重要湿地、国家重要湿地、湿地自然保护区及国家湿地公园开展湿地保护与恢复。保护的重点是监测监控设施维护和设备购置、聘请管护人员，加强对现有湿地的保护；恢复的重点是加快退化湿地恢复、湿地生态补水等。2010—2015 年，中央财政共安排湿地保护与恢复金 20.4 亿元，其中 2015 年安排 6.8 亿元。

退耕还湿试点：主要用于国际重要湿地和湿地国家级自然保护区范围内及其周边的实施退耕还湿的支出。2014 年中央财政安排 1.5 亿元，在内蒙古、吉林、黑龙江的 13 个国际重要湿地和湿地国家级自然保护区开展了退耕还湿试点，每亩一次性补偿 1000 元，2014 年还湿面积为 1 万公顷。2015 年，退耕还湿试点范围扩大到辽宁、湖北两省，2014—2015 年中央财政累计安排退耕还湿试点支出 2.65 亿元。

湿地生态效益补偿试点：主要用于对候鸟迁飞路线上的重要湿地因鸟类等野生动物保护造成损失给予的补偿。2014 年安排 6.4 亿元，在 21 个省份的 21 个国际重要湿地或国家级湿地自然保护区及周边开展湿地生态效益补偿试点，2015 年中央财政安排资金 4.05 亿元。补偿对象为属于基本农田和第二轮土地承包范围内，履行湿地保护义务的耕地承包经营权人，同时也可用于因保护湿地遭受损失或受到影响的湿地周边社区（村、组）开展生态修复、环境整治等方面。

湿地保护奖励：主要用于经考核确认对湿地保护成绩突出的县级人民政府相关部门的奖励支出。2014 年中央财政安排 3 亿元，共奖励 60 个县，每个县奖励 500 万元。2015 年，中央财政安排资金 4 亿元，奖励县增加到 80 个。

（五）建立生态责任追究制度

2015 年 8 月 17 日，中共中央办公厅、国务院办公厅印发《党政领导干部生态环境损害责任追究办法（试行）》，提出地方各级党委和政府对本地区生态环境和资源保护负总责，党委和政府主要领导成员承担主要责任，其他有关领导成员在职责范围内承担相应责任。中央和国家机关有关工作部门、地方各级党委和政府的有关工作部门及其有关机构领导人员按照职责分别承担相应责任。

根据中共中央办公厅、国务院办公厅《关于深化生态保护补偿制度改革的意见》，提出要健全生态保护考评体系，加强考评结果运用，严格生态环境损害责任追究，推动各方落实主体责任，切实履行各自义务。

（1）落实主体责任。地方各级党委和政府要强化主体责任意识，树立正确政绩观，落实领导干部生态文明建设责任制，压实生态环境保护责任，严格实行党政同责、一岗双责，加强政策宣传，积极探索实践，推动改革任务落细落实。有关部门要加强制度建设，充分发挥生态保护补偿工作部际联席会议制度作用，及时研究解决改革过程中的重要问题。财政部、生态环境部要协调推进改革任务落实。生态保护地区所在地政府要统筹各渠道生态保护补偿资源，加大生态环境保护力度，杜绝边享受补偿政策边破坏生态环境。生态受益地区要自觉强化补偿意识，积极主动履行补偿责任。

（2）健全考评机制。在健全生态环境质量监测与评价体系的基础上，对生态保护补偿责任落实情况、生态保护工作成效进行综合评价，完善评价结果与转移支付资金分配挂钩的激励约束机制。按规定开展有关创建评比，应将生态保护补偿责任落实情况、生态保护工作成效作为重要内容。推进生态保护补偿资金全面预算绩效管理。加大生态环境质量监测与评价结果公开力度。将生态环境和基本公共服务改善情况等纳入政绩考核体系。鼓励地方探索建立绿色绩效考核评价机制。

（3）强化监督问责。加强生态保护补偿工作进展跟踪，开展生态保护补偿实施效果评估，将生态保护补偿工作开展不力、存在突出问题的地区和部门纳入督察范围。加强自然资源资产离任审计，对不顾生态环境盲目决策、造成严重后果的，依规依纪依法严格问责、终身追责。

（六）建立资源环境承载能力监测预警机制

对水土资源、环境容量和海洋资源超载区域实行限制性措施，是中央全面深化改革的重要举措之一。为做好这项改革工作，国家林业局联合北京林业大学等有关单位开展了“林业生态安全综合指数”研究，对全国以县域为基本单元的森林、湿地和荒漠生态系统安全状况及变化趋势进行评估分析。其目标是通过对以县域为单元的生态环境所开展的动态监测评估，科学地反映县域生态环境变化情况，为建立我国生态红线、保障我国生态安全打下坚实基础。目前，这项工作已在吉林、浙江、湖北、贵州、青海等省开展先期试点。

（七）建立森林保险创新金融机制

全国森林保险工作继续稳步推进，截至 2015 年年底，全国共有 31 个省级单位——含24个省（自治区、直辖市）、4个计划单列市、3个森工企业，纳入中央财政森林保险保费补贴范围。2015年投保面积为1.45亿公顷，保险金额11872亿元，缴纳保费29亿元，其中各级财政补贴26亿元，约占总保费的90%。“十三五”期间，推出了适合林业特点的长周期、低利率开发性优惠贷款，累计放款1130亿元。

（八）与生态文明建设相适应的科技创新机制

依托国家科技支撑计划、国家重点基础研究发展计划、林业公益性行业科研专项、科技基础条件平台建设计划等相关科技计划，围绕良种选育、丰产栽培、森林经营、木材加工、林产化工、林业碳汇等重点领域，开展专项研究，着力提升科技自主创新和技术集成能力，大力解决制约林草业发展的瓶颈问题，强力支撑现代林业草原科学发展。“十三五”期间，启动了林草生态网络感知系统建设，开展了松材线虫病防控应急“揭榜挂帅”科技攻关。18项成果获国家科技进步奖二等奖。新建局重点实验室48个、生态定位观测研究站44个，制定国家及行业标准2440项，全国林业科技进步贡献率达到58%，科技成果转化率达到65%。

以“林业资源培育及高效利用技术创新重点专项”为例，围绕“木材安全、生态安全、绿色发展和三区经济发展”等国家、行业发展战略需求，以速生用材、珍贵用材、工业原料等树种为对象，开展资源产量和质量形成机理研究、资源培育和利用关键技术研发、全产业链增值增效技术集成与示范，形成产业集群发展新模式，为实现单位蓄积增加15%、资源利用效率提高20%、资源加工劳动生产率提高50%提供科技支撑。专项共部署14项重点任务，26个项目。实施周期为五年，2016年1月至2020年12月，总投入8.32亿元，其中中央财政资金投入7.84亿元。专项共研究新理论20个，开发新产品49个，形成新工艺、新技术104个，研发新方法14项，研制新装备（置）40台，建立中试或示范生产线48条；培育新良（品）种21个，研发高效培育和增值加工技术模式或技术体系69项；研制各类标准202项；建立苗圃、良种繁育、实验、示范基地1090个，示范林面积85万亩，技术辐射476万亩。

专项通过速生材、珍贵材、工业原料林高效培育和示范，实现单位蓄积增加15%，支撑了我国华中、华南等典型生态区发展，为保障我国生态安全提供了有力的技术支撑；通过木材、竹材、非木质资源高效利用关键技术创新和重大产品创制，实现资源利用效率提高 20%，资源加工劳动生产率提高 50%，有效支撑了木材安全和绿色发展，培育一批企业发展壮大，推进产业由中低端迈向中高端；通过竹资源、工业原料林、非木质资源等资源的全产业链增值增效技术示范，助力了“三区”精准扶贫，带动了广西、贵州等贫困地区、山区农民脱贫致富，有效推进了美丽乡村建设战略实施。

国家科技支撑计划：以重大公益技术及产业共性技术研究开发与应用示范为重点，结合重大工程建设和重大装备开发，加强集成创新和引进消化吸收再创新，重点解决涉及全局性、跨行业、跨地区的重大技术问题，着力攻克一批关键技术，突破瓶颈制约，提升产业竞争力，为我国经济社会协调发展提供支撑。

国家重点基础研究发展计划：以国家重大需求为导向，解决我国林草建设、社会可持续发展、国家生态安全和科技发展中的重大基础科学问题，在世界科学发展的主流方向上取得一批具有重大影响的原始性创新成果，为国民经济和社会可持续发展提供科学基础，为未来高新技术的形成提供源头创新，提升我国基础研究自主创新能力。

林业公益性行业科研经费专项：重点组织开展本行业应急性、培育性、基础性科研工作，国家林业和草原局是首批试点部门之一。林业行业专项重点支持方向为：林业应用基础研究，林业重大公益性技术前期预研，林业实用技术研究开发，林业国家标准和行业重要技术标准研究，林业计量、检验检测技术研究。

科技基础条件平台建设计划：分为重点项目和面上项目，重点项目以体现国家目标为原则，以资源整合和共享为重点，以建设较完整的物质和信息支撑系统以及相应的服务平台为目标；面上项目以支撑部门和行业科技发展为主要任务，也具有对重点项目的补充作用。

第六节　生态问责丰富了生态文明体系内涵

本节主要分析习近平总书记就某一特定生态敏感区生态为经济发展让路问题作出重要批示的几个案例。这种问责式执政方式具有习近平总书记的独特风格，其对生态文明理念的贯彻和落实具有无可替代的作用，是习近平生态文明思想的创新和发展。

习近平总书记批示式问责有鲜明的特点，一是针对的都是具有重要影响的生态敏感区（点），具有很强的代表性、典型性和警示性；二是关注到底，批示到底，如果批示后效果没有达到整改预期，总书记会再过问、再批示，最后还会亲自到现场去考察、查看。可以说不达目的不罢休，谁也别想糊弄过关。“我个人有个习惯，就是不说则已，说了就要过问到底，否则说的话就是废话，不如不说。”这句话出自 1991 年年底时任福州市委书记的习近平在一次会议上的讲话。

这种问责模式对生态文明建设思想的贯彻和落实意义重大，取得很好的震慑威力。问责模式是习近平生态文明思想的重要内涵之一，是生态文明思想理论与建设实践的桥梁，是总书记理论联系实际的抓手和独特风格。事实必将进一步证明，在这社会百年大变局和生态区域千年大变局时代，对中华民族伟大复兴中国梦之生态文明梦的推进和实现，产生的历史推动作用是不可估量的。

党的十八大以来，习近平总书记多次作出重要批示指示。仅 2016 年一年，习近平总书记关于生态环境保护的重要批示就达 60 多件。批示涉及众多领域和方面，其中备受外界关注的就是“查处严重破坏生态事件”。如浙江杭州千岛湖临湖地带违规搞建设、新疆卡山自然保护区违规“瘦身”、甘肃祁连山自然保护区生态环境破坏、秦岭北麓西安段圈地建别墅、腾格里沙漠污染、青海祁连山自然保护区和木里矿区破坏性开采、陕西延安削山造城、重庆缙云山国家级自然保护区违建突出问题、长白山违建高尔夫球场和别墅项目、东辽河流域污染治理问题、洞庭湖区下塞湖非法矮围问题等。

其中问责最早的是千岛湖临湖地带违规搞建设问题，始于其主政浙江，催生了流域上下游生态补偿新模式；影响最大的莫过于秦岭违建别墅严重破坏生态问题，从 2014 年 5 月到 2018 年 7 月习近平总书记先后 6 次就“秦岭违建”作出批示指示，开启了将生态环境整改上升到政治生态整改的先河；代价最大的当属新疆卡山自然保护区违规“瘦身”问题，涉及几千亿开发区的退出，直接整改投入 10 亿元级别；影响最深远的当属祁连山自然保护区生态破坏问题，首次把生态环境整改要求提高到政治高度。

一、千岛湖临湖地带违规搞建设

（一）概况及生态敏感性

千岛湖（新安江水库）位于浙江省西部，杭州市淳安县境内，是1960年建成的新安江电站大坝拦水形成的大型水库，兼有发电、防洪、旅游、养殖、航运、饮用水源及工农业用水等多种功能。水库坝址以上的流域面积达10442平方千米。千岛湖南北长150千米，宽10千米，水面面积达580平方千米，岸线长1406千米，大坝前水深可达90米，平均水深34米，正常高水位（108米）时的水域面积达573平方千米，相应的库容达178.40亿立方米。多年平均入库水量94.50亿立方米，大坝输出库水量91.07亿立方米。千岛湖水在中国大江大湖中位居优质水之首，为国家一级水体，不经任何处理即达饮用水标准，被誉为“天下第一秀水”，其水资源量约占钱塘江流域水资源量的30%。千岛湖及其周边地区生态环境质量的好坏对钱塘江中下游的水环境质量和水体功能起着重要的作用，保护千岛湖的生态环境对整个钱塘江流域的可持续发展具有十分重要的意义。

千岛湖湖形呈树枝形，湖中大小岛屿千余个，生物多样性十分丰富，具有很高的保护价值；有兽类动物61种，鸟类90种，爬行类50种，昆虫类16目320科1800种，两栖类2目4科12种，13科94种形态各异的鱼类资源，有“鱼跃千岛湖”“水下金字塔”等奇特景观。千岛湖岛屿森林覆盖率达82.5%，有维管束植物1824种，其中属国家重点保护的树种有20种，乔木以马尾松和壳斗科植物为主；灌木多见于杜鹃花科、蔷薇科、金缕梅科、冬青科和山矾科；草本以菊科和禾本科为主。

（二）问题及背景

20世纪90年代后，随着流域经济的发展，库区水环境质量变化趋势明显。从1998年5月至2000年5月千岛湖库区13个监测点的月度监测情况来看，60%监测点的TN（总氮）平均值超过Ⅱ类水标准；小金山至街口，TP（总磷）在Ⅱ类水标准，其中街口断面的TP超Ⅱ类水标准。在春、夏季节出现蓝藻门的某些种群（主要是鱼腥藻）发生突发性的异常繁殖，成为优势种群。尤其是1998年、1999年连续两年发生大面积水域蓝藻暴发，导致湖水与渔产品出现明显异味，严重影响了当地居民的日常生活和旅游业的发展，造成了重大经济损失。2005年，中国民主促进会浙江省委员会十几位委员在政情通报会上以《千岛湖的优良水质正在遭受前所未有的严重威胁》为题作了专题报告，呼吁引起重视。

千岛湖水质恶化和环境问题产生的原因是多方面的。一是周边地区小流域水土流失问题。在杭州市行政区域内，该地区是水土流失最为严重的地区，总面积达 778.38 平方千米，占淳安县总面积的 17.58%。在全部水土流失面积中，坡耕地 104.72 平方千米，其中 25 度以上陡坡耕地面积 39.11 平方千米，是全市坡耕地最集中的区域，轻度水土流失占水土流失面积的 44.4%，中度占 38.4%，强度占 17.2%。水土流失造成坡耕地土层变薄、土壤质地粗化、植被稀疏、植被恢复困难、景观环境劣化、环境资源的容量减小、资源的开发利用价值不断下降、生态环境进一步恶化、多种生物的栖息地被破坏。二是由于区域经济的发展需要，沿湖开凿了环湖公路。与此同时，环湖山地租赁给个人，用于开荒栽种经济植物，炸山填湖造地用于房地产开发，这一系列人为活动导致优美的环湖山体自然景观被严重破坏。

进入 21 世纪后，过度开发问题日益突出。如填湖造地建高尔夫球场问题，通过炸开湖岸山体和填实湖面建成一个标准的 18 洞高尔夫球场，占地 100 多公顷，同时还建有一条环湖路，也是填湖修建起来的，长达 9 千米。高尔夫球场的草坪维护，除了要浇水之外还要大量施用化肥和除虫剂。资料显示，一个占地 67 公顷的 18 洞高尔夫球场每个月所施用的化肥、除虫剂加起来至少有 13 吨，其中的化肥只有一半会被草坪吸收，残留化肥和除虫剂就会随着水流排放出去或者渗入地下土层。

这个高尔夫球场属于典型的顶风违规项目。项目自 2007 年 10 月开业，但早在 2004 年 1 月 10 日，国务院办公厅就发出《关于暂停新建高尔夫球场的通知》，要求一律不得批准建设新的高尔夫球场项目，尚未开工的项目一律不许动工建设，对虽已办理规划、用地和开工批准手续，但尚未动工建设的项目，一律停止开工。2011 年 4 月 11 日，国家发展改革委等 11 部门又联合下发了《关于开展全国高尔夫球场综合清理整治工作的通知》，要求各地方政府对本地区高尔夫球场项目进行逐一核查，对违规球场依法进行处理，特别是在饮用水水源地保护区内建设的球场，相关部门和地方政府要重点督办。2005 年 12 月，浙江省就把千岛湖绝大部分区域划定为饮用水源二级保护区。《水污染防治法（1996 年修正）》第五十九条规定：禁止在饮用水水源二级保护区内新建、改建、扩建排放污染物的建设项目；已建成的排放污染物的建设项目，由县级以上人民政府责令拆除或者关闭。

再如，违规建设五星级酒店和豪华别墅问题。淳安县千岛湖镇西北端的麒麟半岛上，坐落着开元度假村。公开资料显示，度假村占地20多公顷，内有一家五星级度假酒店以及88栋独立别墅，这些别墅早在2004年就销售一空。天清岛位于千岛湖镇的西南，同样，这里除了一座豪华酒店之外，也环岛临湖建设了多套别墅，一期12栋，二期20多栋。

类似的情况还出现在千岛湖东北沿岸，一个名为观岛的项目，分两期，总面积约24万平方米，一期包括数十套联排别墅和7栋湖景公寓大楼。从第一排联体别墅到湖边是宽约40米的观景绿化带，这都是靠填湖而来。与观岛一期的填湖程度相比，二期的填湖造地规模就更大了，填湖宽度至少有100米以上。

整个千岛湖沿岸有几千栋建筑物。不仅是酒店、别墅，千岛湖边还存在着大量的建设项目，挖掘机把挖出来的渣土石块装到卡车上，而卡车直接把这些渣土和石块倒进了附近的千岛湖里，直接对湖水造成威胁。

国土资源部从2003年限批别墅用地，2006年5月31日又发出通知：一律停止别墅类房地产项目供地和办理相关用地手续，并对别墅进行全面清理。然而，杭州千岛湖不仅在大张旗鼓地建着别墅，而且承诺可以办理房产证。

《浙江省风景名胜区管理条例》第十四条规定：风景名胜区内江河、湖泊、水库、瀑布、泉水等水体必须按照国家有关水污染防治法律、法规的规定严格保护，任何单位和个人不得向水体倾倒垃圾或其他污染物，不得擅自围、填、堵、塞、引或做其他改变。即使有规可循，可在国家级的千岛湖风景区照样出现了这种大面积的填湖行为。

（三）批示及整改成效

在多数人眼中，千岛湖是旅游胜地，但事实上，随着区域经济社会快速发展，新安江水库原来“以发电为主，兼顾防洪、灌溉、航运”的功能定位已转变为“防洪、供水、生态”。时任全国政协副主席张梅颖曾指出：千岛湖及新安江流域不仅是浙江、安徽两省的重要生态屏障，而且事关整个长三角地区的生态安全，战略地位十分重要。

进入21世纪以来，国内多数大江大河、淡水湖泊拉响水质警报，但千岛湖依然是全国水质最好的湖泊之一。然而，1998年，千岛湖第一次被蓝藻侵袭，2010年5月，千岛湖的部分湖面出现蓝藻繁殖异常。

2010 年 11 月，中央多位领导同志对《关于千岛湖水资源保护情况的调研报告》作出重要批示。时任国家副主席的习近平在批示中强调："千岛湖是我国极为难得的优质水资源，加强千岛湖水资源保护意义重大，在这个问题上要避免重蹈先污染后治理的覆辙；我认为这份调研报告所提建议值得重视，是否可由发改委牵头研究提出千岛湖水资源保护的综合规划；浙江、安徽两省要着眼大局，从源头控制污染，走互利共赢之路。"

2013 年，媒体曝光千岛湖遭填湖造地、建高档酒店别墅及高尔夫球场导致千岛湖环境影响等问题后引起各方关注，再次引起习近平总书记的关注，自 2014 年以来总书记已 3 次对千岛湖临湖地带违规建设问题作出批示。

淳安是习近平总书记在浙江工作时的基层联系点，他十分重视关心淳安发展和千岛湖生态保护，7 次亲自到淳安调研指导工作，强调"淳安一定要在生态建设上当好示范，保护好环境，保护好千岛湖的优质水资源"。党的十八大以来，习近平总书记先后 4 次就千岛湖生态环境保护问题作出重要指示批示，且对千岛湖生态环境问题的批示是首次就某一特定生态敏感区为经济发展让路问题作出重要批示，开启了批示后效果没有达到预期时再过问、再批示，不达目的不罢休的问责模式，是彰显习近平总书记执政特色的一个典型案例。

整改面临的主要问题在几个方面，一是利益瓜葛千丝万缕，长年积累的投资、收益等利益相关方错综复杂；二是江浙等经济发达地区人多地少，尤其千岛湖所在山区人口密度大，1959 年为建设新安江水电站，淹没了淳安县的贺城、狮城、威坪镇、茶园镇和港口的 3 个城镇，共计 49 个乡 1377 个自然村，外迁了 29 万移民，后靠了 10 万县内移民，其中包括耕地 2 万多公顷和城镇工商企业 255 家。当初为建设水库大量库民上山，如何平衡山民生计和生态保护的关系，是摆在地方政府面前的难题；三是千岛湖的主要源水为安徽境内的新安江及其支流，汇水来自安徽徽州的歙县、休宁、屯溪、绩溪，以及祁门和黄山区的南部，千岛湖水库 60% 的流域面积（汇水区）在安徽省境内。千岛湖环境综合治理及整改的成败关键在如何破解这 3 个问题，从某种角度说，没有总书记的关注，很难下定决心解决掉这些老大难问题。

一是从讲政治的高度把握整改全局，取缔和关停并转相结合，多管齐下，不留退路。总书记批示后，引起浙江全省高度重视。省委常委会议专题研究部署，从"两个维护"的高度认识和推进整治工作，举一反三、一抓到底。

整改过程明确整治的主体责任、原则规范、时间节点，坚持依法依规，敢于动真碰硬，以实之又实的作风，一个一个查清、一个一个销号。按照长效管控，巩固整治成果，健全法规制度，确保不反弹、不出现新的违建的要求，采取断然措施拆除违规建筑，恢复植被。淳安县本着算好大局账、长远账的态度，把千岛湖临湖综合整治看成走向高质量保护、高质量发展的重大机遇，以最高的标准、最科学的规划、最有力的措施落实整改。据报道，高尔夫俱乐部已被取缔，相关责任人被依法处理。违规建设的高尔夫俱乐部也已转型为高山花海、婚纱摄影基地、健康养生基地。

二是多部门联动整改，立足长远发展，在整改中实践“两山论”转化。按照山水林田湖草沙系统治理的理念，以保护好千岛湖水质为核心目标，以周边环境整治、全面开展流域内小流域综合治理、构建生态林业和林业生态产业体系、实施保水生态渔业四大“三生”工程为抓手，取得了良好的效果。

解决周边入湖污染问题。淳安县政府多渠道筹集环保资金，开展多种形式的污染整治行动，同时加强环境监测和综合执法。在招商引资时，当地遵循决不牺牲环境、决不接受污染企业、决不降低环保门槛“三个决不”原则。在环湖周边农村开展了包括“农村生活垃圾处置”“户用沼气建设”“清洁乡村”“改水改厕”“保水渔业”“生态种植”等一系列生态环保工程，既取得了“正本清源”的效果，也有效提升了农村百姓的生活品质。

开展小流域综合治理。针对千岛湖汇水流域溪流多、河道狭长和宽度不一等特点，水利水电部门重点开展生态溪流综合治理工作，通过以流域为单元、以治水为重点、以采砂整治为抓手，加大防洪堤、堰坝及溪道生态水环境的巡查和监管力度，开展疏浚河道、治理水土流失，以及实施灌水渠道、排水渠道、防洪护堤、桥梁、堰坝、机耕路等工程措施，河道得到综合整治，成效显著。

推进“三生”林业。把握现代林业经营和“两山论”理念精髓，实施林业生产、生态、生活“三生”工程，做好“林”文章。通过退耕还林、减少森林采伐、选择珍贵树种开展植树造林、实施“四边”绿化、建设彩色健康森林等措施，实现从简单造林向阔叶化、珍贵化、彩色化造林转变，从生产用材林为主向经营生态林、提高森林生态文化转变，森林生物多样性更加丰富，森林病虫害综合防范能力进一步增强，森林景观更加优美，生态功能进一步提升。充分利用森林资源等生态产品优势，大力发展森林旅游、森林食品、花卉苗木产业，以生态产业发展带动林业建设，走出了一条生态和产业双赢的发展新路子。通过大力发展生态林业产业，积极探索国有林场产业结构转型升级，林场逐步把生态优势转化为经济优势，实现了国有林场健康和可持续发展。率先在千岛湖中心湖区开发建设了具有主题文化和森林文化特色的千岛湖猴岛、龙山岛、孔雀园、五龙岛、三潭岛等多个观光旅游景点。云蒙列岛建立了猕猴繁殖基地。龙山自古就是浙西名胜，淳安民间素有“桐桥铁井小金山，石峡书院活龙山”之誉，岛上建有海瑞祠、石峡书院、半亩方塘、宋代古钟楼等景点，是千岛湖旅游的标志性人文景点。海瑞纪念馆的建成使海瑞文化的内涵得到了提升，纪念馆也被列为中央纪委监察部杭州培训中心教学实践点、浙江省廉政文化教育基地、杭州市廉政文化示范点、杭州市爱国主义教育基地。如今森林旅游业已成为千岛湖的支柱产业，实现了“以旅游促经济发展、以经济发展促生态保护”的良性循环。

走“保水生态渔业”之路，以保水、护水为前提发展生态渔业。近年来在千岛湖主要水域实行封库禁渔，强力保护土著野生鱼类资源。根据鲢鳙鱼是植食性鱼种，以藻类为主要饵料的生物学特性，县里组织每年向千岛湖投放600万尾以上鲢鳙鱼苗，并严格控制起捕的规格和数量，规定凡3千克以下的鲢鱼、4千克以下的鳙鱼禁止捕捞，对净化千岛湖水质起到了极大作用。同时，制订了网箱养殖规划，严格控制网箱养殖面积，确保千岛湖水质。

三是建立跨省流域治理机制。新安江流域的上游在安徽省境内的流域面积达6736.8平方千米。新安江流域上游地区是传统农业区及新兴旅游区，产业结构相对落后，导致上下游经济发展差距不断加大，2007年黄山市人均GDP为14626元，仅为杭州市人均GDP 61313元的约24%，2008年杭州市人均GDP则是黄山市人均GDP的4.2倍。上游地区有加快发展的需求，但发展必然增加水资源开发利用量和水污染负荷量。与此同时，下游地区为保证其经济社会的可持续发展，对上游地区水资源的数量和质量提出了更高的要求。为此，在财政部、环保部支持下，安徽省和浙江省酝酿在新安江流域建立跨省生态补偿机制，2011年，随着《新安江流域水环境补偿试点实施方案》的出台，我国首例跨省流域生态补偿机制试点作为探索流域生态共建共享和经济一体化发展的新机制应运而生。2014年初，国务院批准《千岛湖及新安江上游流域水资源与生态环境保护综合规划》，标志着新安江流域生态环境保护上升到国家战略层面。

试点方案的主要内容：一是资金规模每年5亿元，其中中央财政3亿元，浙皖两省各1亿元。二是入湖水质以国控交接断面入湖水体中高锰酸钾、氨氮、总氮、总磷4个因子2008—2010年度监测数据3年平均值再乘以0.85的系数确定为基准值。上游来水如好于或等于该标准，浙江省向安徽省拨付1亿元资金；如劣于该标准，安徽省向浙江省拨付1亿元资金。不论水质是否达标，中央财政3亿元资金均拨付给安徽。三是水质监测情况以环保部门公布数据为准。

新安江流域生态补偿试点实施以来，两省交界断面水质总体保持稳定，流域补偿机制和拨付上游资金取得预期效果。从2011年起，黄山市以试点为契机，全面推进新安江流域综合治理，编制了《安徽省新安江流域水资源与生态环境保护综合规划》，建设新安江流域水环境管理平台，实现流域基础地理信息、环境管理信息以及水文水质动态变化预测预警机制；建立新安江水质监测中心，实现水质连续实时在线监测、数据传输和数据分析。同时，在新安江出境断面及主要支流入境断面新建2个水质自动监测站，将流域监测点位由8个增加到覆盖全流域的44个，将饮用水源地监测项目由原来的29项增加到109项，监测方式也由原有的手工监测提升为手工监测和自动监测相结合。同时将新安江流域综合治理列入年度目标管理考核，黄山市成立“河长制”管理工作领导组，根据河流的行政区域分段划分、分片包干，由市、县区、乡镇行政一把手担任河长，全面开展小流域综合治理。其后，黄山市共实施新安江综合治理项目400多个，完成投资450亿元；其中，实施生态补偿机制试点项目156个，完工项目72个，完成投资50亿元，并启动了试点资金绩效评估。黄山市境内的新安江流域已实现水质监测、水土保持、村级保洁、污染治理“四个全覆盖”。

2019年，淳安特别生态功能区建设全面启动。建设淳安特别生态功能区有利于推动流域生态环境共建和省际、市际交界地区合作共保，在绿色美丽长三角和全省大花园建设中发挥引领作用。同时，淳安也是浙江省26个加快发展县之一。建设淳安特别生态功能区，进一步打开“绿水青山向金山银山”转化的新通道，率先形成饮用水源保护与发展的千岛湖模式，对于生态环境良好、经济相对落后的地区实现跨越式发展具有十分重要的示范带动意义。

千岛湖正在按照“两山论”的理念把整改向纵深推进。由于千岛湖综合整治与习近平总书记在浙江主政密切相关，也是其到中央后就生态问题的首次批示，具有标杆作用，意义重大，是水生态综合治理，落实“共抓大保护、不搞大开发”要求，以及践行习近平生态文明思想、打通“两山”转化通道、实现高质量保护与发展的首要示范。

二、新疆卡山自然保护区违规“瘦身”

（一）概况及生态敏感性

卡拉麦里在中国第二大沙漠古尔通班古特沙漠的核心区域，数亿年前，这里碧波浩淼，森林连绵千里，飞鸟悠闲，野花芳香随风飘散。但随着侏罗纪末期的造山运动，这里气候恶化，干旱缺水，湖泊消亡。

卡拉麦里这片荒漠戈壁，地势起伏多变，形成大大小小的山包，高者不过数十米，凹地上被洪水冲击而成的临时河道两旁，灌木遍布。脾气古怪的内陆沙漠，说不定哪天就飘扬起大雪。

在稀疏的植被护佑下，卡拉麦里的沙丘得以固定，使这里的野生动物有了生存的希望，行走在保护区，随处可见大大小小的动物粪便和脚印，一不留神，还可以看到远处悠闲行走的黄羊和野兔，它们对陌生的窜入者没有太多戒备，只是和来客保持一定的距离，远远地望着。

这里栖息着数以百计的有蹄类动物和珍禽，如蒙古野驴和很多国家重点保护动物如鹅喉羚（黄羊）、马鹿、盘羊、野山羊，有更多的鸟类在这里生息繁衍，可以说，卡拉麦里是一个野生动物的乐园。这里还是中国唯一的普氏野马人工饲养繁育基地，1986 年，中国从英国、德国等将曾经从准噶尔盆地掳走的普氏野马后裔重新引回，现在，它们已经适应了这里的环境，避免了灭绝的危机。

卡拉麦里山是横亘于保护区中部的低山，保护区因此而得名，它的东部是砾石戈壁，西部则连着中国第二大沙漠古尔班通古特沙漠。卡拉麦里山东西走向，南北宽 20~40 千米，一般海拔高度 1000 米，相对高差不足 500 米；北面为低山丘陵，坡度较缓，相对高差仅几十米；山岭以南为将军戈壁，个别地段形成沙丘。保护区西部沙漠是古尔班通古特沙漠的一部分，有 6 条大的中速流动沙垅和大面积的格状沙丘链。山地丘陵、风蚀台原与沙漠的交界处形成大的泥漠，俗称“黄泥滩”。卡拉麦里山年均温 2.38℃；年均降水量 159.1 毫米，而蒸发量高达 2090.4 毫米，气候干旱。

新疆的高山湿地（晋翠萍 摄）

卡拉麦里山南部及西南部，梭梭、白梭梭荒漠占有较大比重。西部半固定沙丘上为禾草—短叶假木贼草原化沙漠，并有少量琵琶柴分布。禾草类主要有针茅、沙生针茅、三芒草、驼绒藜、沙蒿等。在固定沙丘上，优若藜等是重要的植被。

卡拉麦里山区域兽类有蒙古野驴、盘羊、鹅喉羚、草原斑猫、赤狐、沙狐、艾鼬、草兔和多种啮齿类野生动物；鸟类有金雕、玉带海雕、苍鹰、大鸨、小鸨；爬行类有荒漠麻蜥等。普氏野马是目前地球上唯一存在的野马种群，也被放归到卡拉麦里有蹄类保护区。国家一级保护野生动物蒙古野驴，保护区内只有400只左右。

为了保护这片原始区域，1982年，自治区在这里建立了卡拉麦里山有蹄类野生动物自然保护区（简称卡山自然保护区）。根据《卡山保护区综合科学考察报告》，仅仅哺乳动物一类，这里就有国家一级保护野生动物雪豹、普氏野马、蒙古野驴、赛加羚等14种，国家二级保护野生动物鹅喉羚、盘羊等39种，在这些哺乳动物中，列入中国濒危物种红皮书的有9种，其中野生种群灭绝的2种、濒危4种、易危3种。

新疆卡拉麦里山有蹄类野生动物自然保护区是以保护蒙古野驴、普氏野马、鹅喉羚等多种珍稀有蹄类野生动物及其生存环境为主的野生动物类型的自然保护区，是我国低海拔荒漠区域内为数不多的大型有蹄类野生动物自然保护区，是野生动植物物种的“天然基因库”，其生态区位和物种多样性无法替代，具有重要的干旱区基因保护价值、生态价值、科研价值。同时保护区还担负着遏阻新疆第二大沙漠向东扩张的重任，生态区域重要而敏感。

（二）问题及背景

近年来，随着保护区内陆续发现多种矿产资源和旅游资源，阿勒泰地区和昌吉州为了追求GDP增长，自2005年起，连续6次提出对卡山自然保护区面积进行调减。

2005年开始调整前，卡山保护区总面积18183.21平方千米，经2005年、2007年、2008年、2009年、2011年先后5次调整保护区面积，分别调减了2100.42平方千米、1203平方千米、461平方千米、821.38平方千米、592.76平方千米，合计调减5178.56平方千米，多次“瘦身”后调减为13004.65平方千米。

罪魁祸首是地底下蕴藏的煤，时针拨至2015年，卡山北纬45°以南区域已经被建设为大型煤炭基地，北纬45°以北的区域中间被划出3块，更多的煤炭、黄金和被称作“卡拉麦里金”的花岗岩即将被开采出来。在准东，露天煤矿所堆砌的多处煤矸石山已经变得如楼房一般高，更多的煤矸石还在不断地倾倒出来。运煤的卡车日夜不停地在各个煤矿之间穿梭，扬起的烟尘让人误以为闯入了沙尘暴之中，也将整个戈壁染成黑色。

新疆环境保护科学研究院王虎贤等人2015年发表的《卡山保护区野生动物适宜性生境变化》表明，由于受到公路、矿区、工业园区干扰和影响，卡

新疆禾木乡（杨丹 摄）

山保护区的适宜性生境已经比 2000 年减少了 45%，尤其是 2007 年以来呈加速下降趋势。《卡山保护区综合科学考察报告》亦证实，多年的观测表明，准东已经见不到有蹄类动物活动。

来自中科院新疆生态与地理研究所的马鸣长期在卡山保护区进行猛禽研究。他曾对澎湃新闻说："别忘了卡山上还有众多的金雕、秃鹫，除了偷猎，开矿、采石的影响也非常大。"金雕与秃鹫分别为国家一级和二级保护野生动物。马鸣的研究发现，自 2004 年开始，金雕的数量在卡山保护区不断下降，到了 2012 年，所有的巢穴都空了。

一篇由新疆环境监测中心站王德厚发表于 1993 年的论文如此记述卡山保护区过去的"盛况"：在一次调查中，目击 154 头野驴在桥木稀拜洼地水池中饮水以及玩耍的壮观场面；在火烧山的一次调查中，在一个水坑旁边观察，从 12 时至 19 时，7 小时里见到来此水坑喝水的鹅喉羚 765 头、野驴 60

头（桥木稀拜和火烧山均为保护区内的地名）。

《中国国家地理》曾经将卡山保护区喻为“观兽天堂”。国道 216 几乎从原保护区的西南角贯穿至东北，即使是普通的游客，有时也能不费吹灰之力看到动物成群结队迁徙的情景。根据保护区阿勒泰观测站的研究，冬季野生动物越过卡拉麦里山到南部的准东地区过冬，而在夏季，则根据水源地等情况，有东西向迁徙的习惯。

2015 年 4 月 17 日，自治区人民政府以新政函〔2015〕70 号文对卡山自然保护区面积又进行了第六次调整。根据新疆环保厅对外公布《对新疆卡拉麦里有蹄类野生动物自然保护区范围和功能区调整的公示》，其内容显示，卡拉麦里保护区面积将面临第六次调减，调减面积达 179.3 平方千米。对于调整原因，新疆环保厅表示：“因历史与现实、自然保护与社会经济发展矛盾日益突出，使有蹄类野生动物的保护形势日益严峻。同时，也是为了满足国家重点工程建设和阿勒泰地区社会经济发展需要。”按照这个方案，经前 5 次调整后总面积为 13004.65 平方千米的保护区将再次“瘦身”为 12825.35 平方千米，将从保护区北纬 45° 以北的区域中间划出 3 块以开采金矿和石材等资源，而这个调整方案因为破坏了保护区的完整性而备受质疑。

作为新疆环保厅保护区调整评审专家组组长，中国科学院新疆生态与地理研究所研究员杨维康给出的评审意见之一是，“（调整后）保护区将形成 3 个大窟窿，违背保护区建设原则，严重影响保护功能的实现。”他认为，此次削减出去的主要区域是一个重要的动物越冬场所，“这块凹地在冬季的平均气温比其他地区高，而且北风吹不进来，在它们失去准东的越冬地之后，如果再没有这一块区域，就是雪上加霜。”

通过几次调减，卡山自然保护区内有蹄类野生动物栖息地部分损毁减少、迁徙通道受阻、生态环境受到严重挤压。经调查核实，卡山自然保护区问题是破坏生态环境的典型案例，阿勒泰地区、昌吉州和新疆林业、国土、环保等部门为了追求眼前利益和一时经济发展，不顾资源和生态环境承载能力，违规随意调整自然保护区范围、改变保护区性质，纵容企业违法违规从事生产经营活动，严重破坏保护区生态系统，给生态安全带来巨大隐患。

据报道，卡山自然保护区的连续 6 次调减中，除 2008 年的第三次是建设准东铁路需要外，其他 5 次均是为矿产资源开发建设让路，且均是在企业开发建设形成既定事实情况下调整的。正如自治区党委文件中痛批这种做法所指出的：充分暴露出一些地方、部门和干部特别是领导干部仍然抱着陈旧发展理念，片面追求经济增长和业绩，只顾眼前不顾长远，只顾发展经济不顾生态环境保护，最终付出惨痛代价。

卡山保护区为地方经济发展连续“瘦身”事件的性质是很严重的。该事件是干部在生态文明建设中不作为、慢作为、乱作为的典型案例。分析造成卡山自然保护区环境日益恶化的主要原因，表面上看是为经济发展让路，地方政府重经济、轻保护的问题，内在原因主要是地方政府政治站位不对、法律意识淡薄、政绩观存在问题，明显体现在两个方面：

一是地方党政明知故犯，为违法违规开发矿产资源活动提供帮助。地方党委、政府为了追求片面的经济发展和所谓的政绩，明知调减卡山自然保护区面积用于矿产资源开发不符合国家规定，仍然想方设法积极推动调减工作，甚至对未批先建、以探代采、乱采滥伐等问题视而不见，以致一些违法违规项目畅通无阻，自然保护区管理有关规定在当地已名存实亡。还有个别党员领导干部为了一己私利，利用卡山自然保护区内矿产资源丰富的优势，与个别企业大搞权钱交易，知法犯法。

二是职能部门不作为，甚至默许纵容，为破坏生态环境行为大开“绿灯”。《自然保护区条例》等法律法规明确规定，禁止在自然保护区核心区和缓冲区内开展任何形式的开发建设活动。当时自治区有关职能部门置国家法律法规于不顾，不仅没有履行好审核把关职责，甚至助推企业违法违规在保护区内从事矿产资源开发等活动。自治区原环保厅明知第六次调减距第五次调减时间不满 6 年，不符合国家有关规定，仍以组织专家评审的方式，在没有召开会议集体研究的情况下予以通过。自治区国土厅在卡山自然保护区共核发探矿证 173 宗、采矿证 9 宗，特别是党的十八大以后，仍续发采矿证 4 宗、探矿证 53 宗（其中核心区 30 宗）。

（三）批示及整改成效

卡山保护区为经济发展让路而多次“瘦身”，而且大面积调出核心区、缓冲区，甚至先建后批等问题受到习近平总书记等中央领导同志的关注，并进行了多次重要批示。一场全面整改运动在新疆打响。

2016 年 2 月 17 日，新疆维吾尔自治区人民政府下发了《关于进一步加强卡拉麦里山有蹄类野生动物自然保护区管理工作的决定》，全面部署整改，从四大方面提出了整改要求，涉及新疆维吾尔自治区党委、政府及相关部门，昌吉回族自治州、阿勒泰地区，以及吉木萨尔县、奇台县、阜康市、富蕴县、福海县、青河县、准东经济技术开发区、中石油集团新疆油田公司等部门或单位。

卡山保护区整改可以说是经济代价最大的整改，其中撤销的喀木斯特工业园区拟开发的煤田面积 2640 平方千米，煤炭资源储量约 466.2 亿吨，已探明储量约为 96.67 亿吨；关闭总投资约 250 亿元，已建设年产 40 亿标准立方米煤制天然气工程项目；依法注销、废止 203 个探矿权、10 个采矿权，永久性封闭退出 284 口油井；关闭企业 7 家，涉及投资和收益损失数千亿元。另外，还采取了如下具体整改措施：

一是对部分干部在生态文明建设中的不作为、慢作为、乱作为问题，涉及相关责任单位和人员的责任追究已全部落实到位。自治区纪委组成督查问责工作组，按照党政同责、一岗双责、权责一致、终身追责的原则，就卡山自然保护区连续“瘦身”为经济“让路”等问题进行专项督查问责，并对责任单位和责任人作出严肃处理。分多批严厉问责追责了一批负有责任的单位和个人，自治区两位副主席做出深刻检查；勒令阿勒泰地委、行署和原自治区林业厅、国土资源厅、环境保护厅等单位向自治区党委做出深刻检查；包括 16 名厅级、处级官员和多名相关地州和单位工作人员受到撤职、党内严重警告等处分和处理。整改期间，针对卡山自然保护区各类环境违法违规行为，阿勒泰地区出动执法人员 1000 余人次，依法对 7 家企业合计处以罚款 452 万元；移送司法机关 3 人，其中 2 人判处有期徒刑 8 年、1 人判处有期徒刑 1 年半；启动追责问责机制，地县两级共问责党政干部 22 人。

二是违法违规采矿活动已全部整治完成。拆除治理 10 家矿企的采矿区、厂区和生活区，收回矿区土地 101 万平方米，生态恢复 1048 万平方米，矿区重新恢复为野生动物栖息地。

三是保护区核心区、缓冲区的生产设施已全部拆除并恢复生态原貌。保护区内旅游开发、建设、经营活动已全部停止。治理恢复面积 1246 万平方米，拆除各类建筑 12.2 万平方米。

四是调出的高保护价值区域重新划入保护区。1851.83 平方千米区域重新划入保护区，保护区面积由整改前的 13004.65 平方千米，变为调整后的 14856.48 平方千米，约增加了 14.24%。重新划入卡山保护区的区域，主要是野生动物觅食地、水源地、迁徙通道和重要越冬地（冬季栖息地），具有较高的保护价值。

五是彻底改善野生动物栖息地生存环境。拆除保护区内阻碍野生动物迁徙的围栏和围网 620 千米。为解决大型重点工程对野生动物栖息地形成的孤岛问题，保护区外围沿引额济乌南干渠建设野生动物迁徙通道 6 处，保护区内部沿公路或铁路建设野生动物通道 53 处。为解决干旱荒漠地区野生动物饮水问题，在保护区内新建或改造野生动物饮水水源和饮水点 65 处，保护区外建设人工饮水点 16 处。

历经 4 年整改，截至 2019 年年底基本完成整改，取得良好成效。保护区面积得到稳固，且有所增加。工矿退出区生态恢复成效显著，栖息地面积得到恢复。迁徙通道的打通和修复，使孤岛化趋势得到明显遏止。保护意识明显加强，越冬能力大幅提升，野生动物饮用水源和饮水设施得到大幅改善，禁牧工作取得阶段性成果，保护手段和管护能力的增强，使人为干扰活动基本得到控制，干扰强度及影响弱化趋势明显。

三、甘肃祁连山自然保护区生态环境破坏

（一）概况及生态敏感性

“祁连”系匈奴语，匈奴称天为“祁连”，祁连山即“天山”之意，因位于河西走廊之南，历史上亦曾叫南山，还有雪山、白山等名称。

广义的祁连山脉，是甘肃省西部和青海省东北部边境山地的总称，在青海境内位于柴达木盆地北缘，茶卡—沙珠玉盆地，黄河干流一线之北，北至省界，西起当金山口，东至青海省界。地理坐标：东经 94° 10′~103° 04′，北纬 35° 50′~39° 19′。狭义的祁连山是指祁连山脉最北的一支山岭（走廊南山西端，海拔 5547 米）。

祁连山系东西长 800 千米，南北宽 200~400 千米，海拔 4000~6000 米，共有冰川 3306 条，面积约 2062 平方千米，西端在当金山口与阿尔金山脉相接，东端至黄河谷地，与秦岭、六盘山相连，长近 1000 千米。祁连山属褶皱断块山，最宽处在张掖市与柴达木盆地之间，达 300 千米；自北而南，山峰多海拔 4000~5000 米，最高峰疏勒南山的团结峰海拔 5808 米，海拔 4000 米以上的山峰终年积雪，山间谷地也在海拔 3000~3500 米。

祁连山素有“万宝山”之称，蕴藏着种类繁多、品质优良的矿藏，有石

棉矿、黄铁矿、铬铁矿及铜、铅、锌等多种矿产，八宝山的石棉为国内稀有的“湿纺”原料。祁连山区冷湿气候有利于牧草生长，在海拔 2800 米以上的地带，分布有大片草原，为发展牧业提供了良好场所。

多种因素的叠加构成了祁连山林区主要的气候特征，即大陆性高寒半湿润山地气候。表现为冬季长而寒冷干燥，夏季短而温凉湿润，保护区由浅山地带向深山地带，气温递减，降水量递增，高山寒冷而阴湿，浅山地带热而干燥。随着山区海拔的升高，各气候要素发生自下而上有规律的变化，呈明显的山地垂直气候带。自下而上为浅山荒漠草原气候带、浅山干草原气候带、中山森林草原气候带、亚高山灌丛草甸气候带、高山冰雪植被气候带。

祁连山区的降水特征与气温不同，不但受海拔高度的影响，而且受所处纬度、经度以及地形的坡向和坡度的影响。祁连山林区是河西走廊降水较多的区域，年降水量在 400 毫米左右，降水主要集中在 5~9 月，占年总量的 89.7%。

祁连山水系呈辐射—格状分布，辐射中心位于北纬 38° 20′，东经 99°，由此沿冷龙岭至毛毛山一线，再沿大通山、日月山至青海南山东段一线为内外流域分界线，此线东南侧的黄河支流有庄浪河、大通河、湟水，属外流水系；西北侧的石羊河、黑河、托来河、疏勒河、党河，属河西走廊内陆水系；哈尔腾河、鱼卡河、塔塔棱河、阿让郭勒河，属柴达木的内陆水系；还有青海湖、哈拉湖两个独立的内陆水系。祁连山河流流量年际变化较小，而季节变化和日变化较大。祁连山脉东部的乌鞘岭、冷龙岭、日月山一线是中国西北地区内流区与外流区的分界线。此线以东的庄浪河、大通河、湟水皆汇入黄河，此线以西的河流皆为内流河。

祁连山储水以冰川为主，冰川融水出流形成祁连山水系。

祁连山区植被较好，有许多天然牧场。自海拔 2000 米向上，植被垂直带分别为荒漠草原带（海拔 2000~2300 米）、草原带（2300~2600 米）、森林草原带（2600~3200 米）、灌丛草原带（3200~3700 米）、草甸草原带（3700~4100 米）和冰雪带（>4100 米）。其中森林草原带和灌丛草原带是祁连山的水源涵养林，大通河、石羊河、黑河等河流发源于此，是河西走廊绿洲的主要水源。

祁连山前的河西走廊自古就是内地通往西北的天然通道，文化遗迹和名胜众多。在汉代和唐代，著名的“丝绸之路”即由此通过，留下众多中西文化交流的古迹和关口、城镇，如嘉峪关、黑水国汉墓、马蹄寺石窟、西夏碑、炳灵寺石窟等。在河西走廊东部的历史文化名城武威出土的汉代铜奔马已成为中国旅游的标志。

为保护祁连山地区的生态环境，国家于1988年成立了“祁连山国家级自然保护区”，是甘肃省面积最大的森林生态系统和野生动物类型的保护区，地处甘肃、青海两省交界处，东起乌鞘岭的松山，西到当金山口，北临河西走廊，南靠柴达木盆地。地跨天祝、肃南、古浪、凉州、永昌、山丹、民乐、甘州8县（区）；成立时区划面积272.2万公顷，林业用地60.7万公顷，分布有高等植物1044种、陆栖脊椎动物229种，森林覆盖率21.3%，境内有冰川2194条，储量615亿立方米，是中国西北地区重要的水源涵养林区，每年涵养调蓄石羊河、黑河、疏勒河三大内陆河72.6亿立方米水源。保护好祁连山北坡典型森林生态系统和野生动物资源，发挥最大的森林水源涵养效能，维护生物多样性，是保护区的主要经营管理目标。1980年，国务院确定祁连山水源涵养林为国家重点水源涵养林区。2000年，保护区被确定为国家天然林保护工程区。2004年，保护区森林被认定为国家重点生态公益林。2008年，在国家环保部公布的《全国生态功能区划》中，将祁连山区确定为水源涵养生态功能区，将“祁连山山地水源涵养重要区”列为全国50个重要生态服务功能区之一。

2017年9月，中共中央办公厅、国务院办公厅印发了《祁连山国家公园体制试点方案》，确定试点建立祁连山国家公园，主要职责为保护祁连山生物多样性和自然生态系统原真性、完整性。公园总面积5.02万平方千米。其中，甘肃省片区面积3.44万平方千米，占总面积的68.5%，涉及肃北蒙古族自治县、阿克塞哈萨克族自治县、肃南裕固族自治县、民乐县、永昌县、天祝藏族自治县、凉州区7个县（区），包括祁连山国家级自然保护区、盐池湾国家级自然保护区、天祝三峡国家森林公园、马蹄寺省级森林公园、冰沟河省级森林公园等保护地和中农发山丹马场、甘肃农垦集团。青海省境内总面积1.58万平方千米，占国家公园总面积的31.5%，包括海北藏族自治州门源县、祁连县，海西蒙古族藏族自治州天峻县、德令哈市，共有17个乡（镇）60个村、4.1万人。试点公园包括1个省级自然保护区、1个国家级森林公园、1个国家级湿地公园，其中祁连山省级自然保护区核心区面积36.55万公顷，缓冲区面积17.51万公顷，实验区面积26.17万公顷，仙米国家森林公园面积19.98万公顷，黑河源国家湿地公园面积6.43万公顷。

祁连山的塞上江南（晋翠萍 摄）

（二）保护价值

作为天然固体水库，长达800千米的祁连山孕育了维系河西走廊绿洲的黑河、疏勒河、石羊河，养育了下游500多万人，对于甘肃来说，祁连山是名副其实的母亲山。而且，由祁连山冰雪融水形成的河西绿洲和祁连山共同构成了阻隔巴丹吉林、腾格里两大沙漠南侵的防线，更是拱卫青藏高原乃至“中华水塔”三江源生态安全的屏障。

没有祁连山，当年辉煌的丝绸之路很可能就深埋滚滚黄沙了。即使2000多年前的古人都深知祁连山之关键，譬如，被汉朝打跑的匈奴人曾留悲歌：“失我祁连山，使我六畜不蕃息。”

祁连山的生态很脆弱，一旦破坏，很难恢复，保护好是唯一的选择。这座横亘中国西部青藏高原和西北荒漠的巨大山系，其生态区位的独特性在于对环境变化更敏感，从而也更脆弱。青海云杉天然林是祁连山水源涵养林的主体，涵养林结构单一，林下灌木和草稀少，生物多样性较低，天然更新差。所以，祁连山生态系统易受自然条件影响，承载力低、易破坏、修复能力弱。

《中国国家地理》（2006年第3期）曾就祁连山对中国的意义有着这样的描述：“东部的祁连山，在来自太平洋季风的吹拂下，是伸进西北干旱区的一座湿岛。没有祁连山，内蒙古的沙漠就会和柴达木盆地的荒漠连成一片，沙漠也许会大大向兰州方向推进。正是有了祁连山，有了极高山上的冰川和山区降雨才发育了一条条河流，才养育了河西走廊，才有了丝绸之路。”然而祁连山的意义还不仅于此。

人类择水而居，建立城市，孕育文明。祁连山对中国最大的贡献，不仅仅是河西走廊，不仅仅是丝绸之路，不仅仅是引来了宗教、送去了玉石，更重要的是祁连山通过它造就和养育了冰川、河流与绿洲做垫脚石和桥梁，让中国的政治和文化穿过了中国西北海潮的沙漠，与新疆的天山握手相接了，中国人在祁连山的护卫下走向了天山和帕米尔高原。

祁连山高大的山峰截住了气流和云团，在高山发育了众多的雪山和冰川。根据《中国国家地理》杂志数据，祁连山已查明共有冰川3066条，总面积2062平方千米，储水量约1320亿立方米，接近于三江源的冰川资源。这是一个巨大的固体水库，是名副其实的高山水塔。

祁连山东西方向上景观的巨大差异是由降水决定的。从太平洋吹来的东南季风裹挟着暖湿气流吹到祁连山，被高大的山峰截住，形成了丰沛的降水。

但是，季风一路向西吹送时，力量越来越弱，祁连山的地貌从东向西也就出现了不同的景象。

祁连山另一个显著的特点是，因为气候原因形成了从上到下的垂直植被分布带，进而也形成了从上到下的景观分布带。从上到下大致有高山冻原、森林、灌丛、草原、荒漠 5 个植被带，以及与之相适应的从上到下垂直分布的土壤类型。由于祁连山山系延绵上千千米，因此东、中、西部的植被垂直带也有一定的差异，阴坡和阳坡也有不同。

有意思的是，植被带的垂直变化也影响动物形成了垂直分布的种群。以雪豹、岩羊和盘羊为代表的高山裸岩动物群，成了高山之上的居民。以甘肃马鹿、蓝马鸡为代表的森林灌丛动物群，活跃在丛林里；以黄羊、秃鹫、喜马拉雅旱獭为代表的草原动物群，在草原上随处可见；以野双峰驼、沙鸡、沙蜥为代表的荒漠动物群，成了西部地区的独特风景。

祁连山高山顶上的精彩不容忽视。祁连山的保护价值无与伦比。

（三）问题及批示

祁连山国家级自然保护区是中国西部重要的生态屏障，它涵养的水源是甘肃、内蒙古、青海部分地区 500 多万百姓赖以生存的生命线。然而，开发活动过重、草原过牧过载、违法违规开矿、水电设施违建、偷排偷放、整改不力，让脆弱敏感的生态系统负重超载，山体破坏、植被剥离，给祁连山留下了沉重的创伤，也给习近平总书记添加了一份记挂，并作出了一系列批示。

祁连山生态问题空前严重，多年来这里的违规开发活动触目惊心，冻土剥离、碎石嶙峋、植被稀疏，多年累积的过度开发带来严重的环境恶果，到 2017 年 2 月，保护区内有 144 宗探采矿项目，建有 42 座水电站，其中不少存在违规审批、未批先建，导致局部生态环境遭到严重破坏。

据统计，在开矿高峰期的 1997 年，仅张掖市 824 家各类矿山企业中就有 770 家在保护区内。之后，经过一系列整顿后，各种粗放型的小矿井少了，但并未根本扭转传统的发展思路。2017 年 4 月 13 日，中央第七环境保护督察组在向甘肃省委、省政府通报督察情况时就指出，祁连山国家级自然保护区内已设置采矿、探矿权 144 宗，2014 年国务院批准调整保护区划界后，甘肃省国土资源厅仍然违法违规在保护区内审批和延续采矿权 9 宗、探矿权 5 宗。大规模无序采探矿活动，造成祁连山地表植被破坏、水土流失加剧、地表塌陷等问题突出。

祁连山草原（刘俊 摄）

还有水电开发，祁连山区域黑河、石羊河、疏勒河等流域水电开发强度大，该区域建有水电站150余座，其中42座位于保护区内，带来的水生态碎片化问题突出。仅黑河上游100千米河段上就有8座引水式电站，在设计、建设和运行中对生态流量考虑不足，导致部分河段出现减水甚至断流现象。大孤山、寺大隆一级水电站设计引水量远高于所在河流多年平均径流，宝瓶河水电站未按要求建设保证下泄流量设施。

生态破坏还只是表面现象，背后源于经济发展与环境保护的思维没有摆正。随着问题的暴露，甘肃相关部门的大量违法作为浮出水面，包括搞变通、打折扣、避重就轻。从县市级到省一级，几乎所有相关部门都成了违法项目的推手，成为祁连山生态破坏的帮凶。

中央环保督察组在督察意见中直言：甘肃省重发展、轻保护问题比较突出。其中一个有力的佐证就是，2013年修订的《甘肃省矿产资源勘查开采审批管理办法》，竟然允许在自然保护区实验区内开采矿产，此条文公然违背《矿产资源法》《自然保护区条例》上位法的规定。

所以，中央定性为“根子上还是甘肃省及有关市县思想认识有偏差，不作为、不担当、不碰硬”“在立法层面为破坏生态行为放水”。

全面从严治党大型纪实纪录片《巡视利剑》第三集《震慑常在》披露了面对祁连山生态保护问题这一中央重大决策部署中出现的生态环境持续恶化问题，甘肃省委原书记王三运不重视、不作为，仅处理了一个副科级干部的细节。

中央巡视组指出，监管严重缺失是生态环境持续恶化的重要原因。中央领导同志作出一系列重要批示后，时任省委主要领导表面上摆了姿态走了形式，但其实并没有真正到问题严重的地区调查研究，也没有认真督促相关部门抓好整改落实，更没有对相关领导干部进行严肃问责。实际上，监管缺失的原因不仅是责任落实不到位，还涉及利益输送，不少层级的官员和企业之间有千丝万缕的利益关联。

习近平总书记 2014—2016 年多次对此作出重要批示，然而甘肃省并没有真正落实。2016 年年底中央巡视组进驻甘肃开展巡视回头看，发现时任省委书记对祁连山环境问题不重视、不作为。2017 年 2 月，中央派出专项督查组对祁连山问题进行督查。5 个月后，中央政治局常委会会议听取督查情况汇报，对甘肃祁连山国家级自然保护区生态环境破坏典型案例进行了深刻剖析，并对有关责任人作出严肃处理。中央责成甘肃省委和省政府向党中央作出深刻检查，时任省委和省政府主要负责同志认真反思、吸取教训。同时，3 名副省级领导被问责，8 名厅级官员被处分。

（四）整改与效果

祁连山案例是习近平总书记抓生态保护扭住不放、一抓到底，亲自批示、亲自“验收”的典型案例，也是把落实中央有关生态环境整改要求提升到讲政治高度的重要案例，震慑效果和警示作用突出，对推行生态文明思想，践行绿色发展理念意义重大。

截至 2019 年，祁连山国家级自然保护区现有面积 198.72 万公顷，其中张掖段 151.91 万公顷（含中农发山丹马场），占保护区总面积的 76.44%，占张掖全市国土面积的 36.2%。张掖是祁连山生态环境整治、保护与修复的主战场。

中央对甘肃省领导班子问责并处理一批干部后，甘肃省、张掖市把整治、保护和修复祁连山生态环境作为“天字一号”工程，坚持项目实施与祁连山生态环境突出问题整改整治相结合，在拉网式排查、评估受损生态的基础上，按照先急后缓、由表到本的原则，开展系统性修复。通过两年多的持续整治，原国家环保部约谈、中央环保督察反馈、新闻媒体反映和全面自查清理出的 179 项具体生态环境问题全部完成现场整治，矿业权、水电站、旅游设施项目分类退出工作也全部完成，生态系统恢复良好，绿色转型发展迈出坚实步伐，被国家督导组称为自然保护区生态环境问题整改的“博物馆”“教科书”。主要整改措施有：

一是探采矿项目全部关停退出，矿山环境全面治理恢复。保护区内 117 项探采矿项目全部关停，撤离人员、拆除设施、封堵矿井、清理现场工作全面完成，采取平整覆土、种草造林、围栏封育、加固护坡等措施，实施矿区矿点地表生态恢复治理。采取注销式、扣除式、补偿式三种方式，推进矿业权分类退出工作。77 宗应退出的矿业权已全部退出，矿权全部注销，祁连山自然保护区张掖段已无矿山探采活动，原矿山企业已全部关闭清理、现场修复、注销退出。

二是水利水电项目全部整治规范，河道生态基流足额下泄。对保护区内 36 项水利水电项目持续开展项目现场及周边环境整治和生态修复，全部配套建设了垃圾清运、污水处理等设施，生活垃圾和生活污水进行集中收集、定期拉运处理，危废物品分类储存；保护区内外已建成运行的引水式水电站全部建设安装了不受人为控制的生态基流下泄设施和监控设备，水电站引（泄）

水流量数据接入生态基流监控平台，实现了远程视频监控全覆盖，确保河道生态基流足额下泄。同时，对在建水电站采取“一站一策”分类整治，6座停建退出和1座已建成自愿退出水电站已全部完成设施设备拆除清理和生态环境恢复等现场整治工作。

三是旅游设施项目完成分类整治，保护区核心区农牧民全部搬迁。对处于保护区核心区、缓冲区的5处旅游设施项目全部拆除基础设施，完全关停退出；对处于实验区内的旅游项目全部停业整治，在落实环保措施、补办缺失审批手续后规范运行；确定补偿退出的3项旅游项目已全部签订补偿协议退出。同时，采取一户确定一名护林员、一户培训一名实用技能人员、一户扶持一项持续增收项目、一户享受到一整套惠民政策的“四个一”措施，实施保护区核心区农牧民搬迁工程，2017年年底核心区149户484人已全部搬出并妥善安置，6.37万公顷草原实施禁牧，3.06万头（只）牲畜出售或转移到保护区外舍饲养殖，祁连山保护区核心区（张掖段）生产经营项目全部退出，人为活动的扰动破坏基本禁绝。

四是草原超载问题整治任务提前完成，祁连山保护区张掖段草原实现草畜平衡。针对祁连山草原生态局部退化问题，严格实行以草定畜，落实草原奖补资金与禁牧、减畜挂钩政策，推行“牧区繁殖、农区育肥”发展模式，采取围栏封育、禁牧休牧、划区轮牧、退牧还草、补播改良等措施，加快整治草原超载过牧问题，提前完成3年草原减畜20.62万羊单位的任务，实现了草原草畜平衡的目标。同时，对祁连山保护区张掖段林草“一地两证”重叠区域重新确权颁证，22.84万公顷林草重叠区域实现权属分明，林草“一地两证”问题全面解决。

五是重大生态项目有效实施，祁连山生态修复治理进程不断加快。顺应祁连山生态系统的整体性、系统性及其内在规律，按照“整体保护、系统修复、综合治理”的要求，持续推进《祁连山生态保护与综合治理规划（2012—2020年）》和山水林田湖草生态保护修复项目有效实施，累计完成投资41.24亿元。高标准谋划实施了祁连山国家公园和黑河生态带、交通大林带、城市绿化带“一园三带”生态造林示范建设，2018年“一园三带”完成人工造林2.07万公顷，带动全市完成国土绿化3.39万公顷，为前三年人工造林面积的1.16倍；2019年安排造林绿化3.73万公顷。随着生态治理恢复等项目的实施，祁连山生态环境持续改善，矿山探采受损区域生态环境得以恢复，植被破坏、草原退化等问题缓解消除。如今，祁连山张掖段恢复往日平静，少了人为扰动，多了动物种群，一些多年难觅踪影的国家一、二级保护野生动物时有出现，生态修复治理区草木葱茏，植被得到有效保护和恢复，呈现出休养生息的良好景象。

六是祁连山生态保护长效机制不断健全完善，生态环境监管全面加强。按照“源头严防、过程严管、后果严惩”的思路，加强保护监管，加快制度创新，强化制度执行，着力维护祁连山生态平衡和生态安全。按照国家和各省要求，制订《重点生态功能区产业准入负面清单》，划定祁连山地区生态保护红线，开展了祁连山保护区自然资源统一确权登记试点。持续深化以“分区准入、分类管控、评管并重、优化服务”为重点的环评审批制度改革，重环评审批、轻监管落实的问题得到有效解决。在全省率先建成以卫星遥感技术运用为主体的“一库八网三平台”生态环保信息监控系统，初步形成“天上看、地上查、网上管”天地一体立体化生态环境监管监测网络，“张掖生态环境监测网络管理平台构成‘天眼’守护祁连山”获评“全国 2018 智慧环保十大创新案例”之一，生态环境监管机制体制进一步健全完善。建立落实多部门联动执法机制，坚持开展常态化巡查和执法检查。从保护区核心区搬迁的农牧民中每户选聘 1 名护林员，缓解了保护区管护人手紧张的问题，将管护触角延伸到了祁连山最偏远的地方。

七是自然保护区外围区域生态环境问题排查整治持续推进，全域生态环境质量有效改善。持续开展祁连山、黑河湿地自然保护区外围区域生态环境问题排查整治行动，祁连山保护区外围地带排查出的矿山项目全部完成现场整治任务，19 座引水式电站全部建设安装了生态基流下泄设施和监控设备，自然保护区外河道采石采砂、排污企业、畜禽养殖、环保违规建设项目等一批生态环境突出问题得到有效整治。把整改、保护和修复祁连山生态环境与打好污染防治攻坚战结合起来，全面推进蓝天、碧水、净土保卫战。2017 年张掖市区环境空气质量综合指数在全省 14 个市（州）城市中排名第一，2018 年排名第二；黑河干流、黑河湿地地表水和城市集中式饮用水水源地水质稳定达标，城市黑臭水体得到有效整治；农业面源污染得到有效控制，化肥使用量增幅低于国家和省上控制指标，农药使用量实现了“零增长”目标，废旧农膜回收利用率达到80%以上。群众普遍反映张掖的天更蓝了、水更清了、地更绿了、河道干净了、黑臭水体和白色污染少多了、环境切实变美了。

八是“绿水青山就是金山银山”的理念深入人心，生态优先、绿色低碳循环发展方式加快形成。通过整改整治祁连山生态环境问题，干部群众的生态环保意识明显增强，“绿水青山就是金山银山”“保护生态环境就是保护生产力，改善生态环境就是发展生产力”的理念深入人心。切实做到了“凡不符合国家生态环保政策法规的决策一个不能定、项目一个不能上、事情一件不能办、活动一项不能搞”，不以牺牲环境为代价换取一时的经济增长。按照经济高质量发展和绿色发展崛起的要求，研究制定了《关于加快产业转型升级构建生态产业体系推动绿色发展崛起的意见》和绿色生态产业发展规划，筛选储备绿色生态产业项目 382 项，总投资 1920 亿元，并出台财税支持、人才支撑等相关配套政策，最大限度破解经济发展与生态保护之间的矛盾。生态产业、新兴产业释放出新的绿色增长潜能，绿色发展方式和生活方式正在形成。

在 2019 年 11 月 16 日召开的中国生态文明论坛年会上，张掖市被授予第三批国家生态文明建设示范市称号。

2019 年 8 月，习近平总书记考察甘肃期间，来到祁连山北麓大马营草原的山丹马场，实地察看祁连山生态修复保护情况。对祁连山生态环境修复和保护工作取得阶段性成果，习近平总书记给予肯定：“这些年来祁连山生态保护由乱到治，大见成效。”他叮嘱当地干部，要正确处理生产生活和生态环境的关系，积极发展生态环保、可持续的产业，保护好宝贵的草场资源，让祁连山绿水青山常在，永远造福草原各族群众。“我们发展到这个阶段，不能踩着西瓜皮往下溜，而是要继续爬坡过坎，实现高质量发展，绿水青山就可以成为金山银山。”

四、秦岭北麓西安段圈地建别墅

（一）概况

秦岭之所以重要，是由秦岭的位置、高度、走向等众多因素决定的。从地理上看，秦岭不仅是中国南北方的界山，还是南北方地理、气候、资源差异的分割线，正是因为如此，秦岭才被称为华夏文明的龙脉。

古代最早记述秦岭的文字是《山海经》和《禹贡》。《禹贡》的成书时间大致为战国时期，在它的文字记述中，中国山脉的布局是一个“三条四列”的系统，其中秦岭被列为中条。然而直到司马迁在《史记》中写下“秦岭，天下之大阻”这句话之后，秦岭才有了正式的文字记载。

秦始皇认为秦岭是他发起的地方，认为高大的秦岭给予他统一天下的力量，他说道：“秦为天下之脊，南山为秦之脊背。”自此，秦岭一名便延续至今。

秦岭是陕西省内关中平原与陕南地区的界山，狭义上的秦岭位于北纬32°~34°，介于关中平原和南面的汉江谷地之间，是嘉陵江、洛河、渭河、汉江4条河流的分水岭，东西绵延400~500千米，南北宽达100~150千米。

广义的秦岭，西起昆仑，中经陇南、陕南，东至鄂豫皖—大别山以及蚌埠附近的张八岭。其范围包括岷山以北，陇南和陕南蜿蜒于洮河与渭河以南、汉江与嘉陵江支流——白龙江以北的地区，东到豫西的伏牛山、熊耳山，在方城、南阳一带山脉断陷，形成南襄隘道，在豫、鄂交界处为桐柏山，在豫、鄂、皖交界处为大别山，走向变为西北—东南，到皖南霍山、嘉山一带为丘陵，走向为东北—西南。广义的秦岭是长江和黄河流域的分水岭。秦岭以南属亚热带气候，自然条件为南方型，以北属暖温带气候，自然条件为北方型。秦岭南北的农业生产特点也有显著的差异。因此，长期以来，人们把秦岭看作中国“南方”和“北方”的地理分界线。

秦岭山地对气流运行有明显阻滞作用。夏季使湿润的海洋气流不易深入西北，使北方气候干燥；冬季阻滞寒潮南侵，使汉中盆地、四川盆地少受冷空气侵袭，因此秦岭成为亚热带与暖温带的分界线。秦岭以南河流不冻，植被以常绿阔叶林为主，土壤多酸性，秦岭以北为著名的黄土高原，1月平均气温在0℃以下，河流冻结，植物以落叶阔叶林为主，土壤富钙质。

秦岭地区的秦巴山区跨越商洛、安康、汉中等地区，自然资源丰富，素有“南北植物荟萃、南北生物物种库”之美誉。秦岭被子植物中约有木本植物70科210属1000多种，其中常绿阔叶木本植物占38科70属177种，除个别树种外，南坡都有生长，而北坡只有21属、46种；还是全国有名的“天然药库”，中草药种类1119种，列入国家“中草药资源调查表”的达286种。

秦岭地区野生动物中有大熊猫、金丝猴、羚牛等珍贵品种，鸟类有国家一级保护野生动物朱鹮和黑鹳。其中，大熊猫、金丝猴、羚牛、朱鹮被并称为“秦岭四宝”。在秦岭里，还藏匿着鬣羚、斑羚、野猪、黑熊、林麝、小麂、刺猬、竹鼠、鼯鼠、松鼠等哺乳动物，以及堪称世界上最为丰富的雉鸡类族群。秦岭现设有国家级太白山自然保护区和佛坪自然保护区。

陕西黄柏塬国家级自然保护区（刘俊 摄）

秦岭南北的动物也有较大差别。就兽类来说，以秦岭为分布北界的有 23 种，占兽类总数的 42%。秦岭以南的兽类中，有不少南方成分，如华氏菊蝠、金丝猴、大熊猫、猪獾、大灵猫、小灵猫、云豹、羚牛、苏门羚、豪猪等。而分布于秦岭以北的兽类，只有 8 种，占兽类总数的 10%，主要有白股阔蝠和黄鼠等。

（二）保护价值

秦岭是中华文化、中国历朝历代政治上的象征，是最具人文和政治色彩的山系，也许这才是秦岭最大的保护价值所在。

秦岭脚下诞生了中国古代的绚烂文明，是华夏文明的始发地。秦岭北坡的众多河流汇聚成黄河最大的支流渭河，渭河冲积出了八百里秦川，关中平原。关中平原从远古时期就是人们田耕生活的场所，远古时期的后稷就在这里教人种庄稼，在秦岭能看到远古时期人们田耕的遗迹——半坡遗址。大禹封九州时，这里被封为雍州。富饶的关中平原也诞生了周王朝，它结束了商王的统治，开始了繁盛的西周王朝。西周建都于秦岭脚下的镐京，不仅仅因为这里是周人的故土，更因为这里有着土地肥沃的关中平原，周围有着崇山峻岭阻隔外敌入侵，其实早期“天府之国”是形容关中平原的。后来，秦国也是在这里走向强盛，最后建立了统一的帝国。同样，强盛的秦帝国也在秦岭脚下的咸阳定都。

在巍峨的秦岭之中，汉王朝奠定了中国辽阔的版图。此外，沿着一条条秦岭古道，造纸术等中华文明的文化遗存，更是穿越千年时空流传后世。

莽莽秦岭之中，佛教在唐朝完成了它与中国传统文化的高度融合，谈起中国文明，后世人每每神往的是大唐王朝，而佛教文化便是盛唐文明尤为绚丽的一朵奇葩。

老子的《道德经》在秦岭著成，从这里流传，而以《道德经》为核心的道家思想与儒家思想亦成为中国古代思想文化史上的两座并峙高峰。

从秦岭流淌而出的河流浇灌了中国 13 个封建王朝，又承载着“南水北调”的使命，牵系着中国的未来。

秦岭深处的洋县是地球上唯一的朱鹮营巢地，人与自然和谐相处的思想在这里得到了最好的彰显。

秦岭密林深处，大熊猫等珍稀动物在此自由地生活着，这里不但被称为野生动物的乐园，也被国际最大的自然保护组织世界自然基金会称为全球第 83 份“献给地球的礼物”。

从李白的《蜀道难》到白居易的《长恨歌》，从王维的《辋川图》到山水田园诗派，面对秦岭，历代诗人或挥笔豪放，书写秦岭的雄浑、奔放，或淡雅、内敛，挥洒自己对秦岭山水的感悟。

保护秦岭，就是保护华夏文明的根，保护中华民族的魂，保护华夏民族的脉，所以说，保护好秦岭，就是最大的政治。

（三）问题与批示

20 世纪 90 年代以来，秦岭北麓地区不断出现违规建设的别墅项目。中央曾三令五申，地方也出台多项政策法规，要求保护好秦岭生态环境。但仍有一些人盯上了秦岭的好山好水，违规建成的别墅导致大量耕地、林地被圈占。

公开报道显示，秦岭北麓的违建别墅始于 2003 年。当年陕西省政府已下发过通知：禁止任何单位和个人在秦岭北麓区域内从事房地产开发。也就是说当时已有开发商违建别墅问题。

2007 年 1 月，陕西出台了秦岭生态环境保护纲要，明确禁止任何单位和个人在秦岭北麓从事房地产开发、修建商品住宅和私人别墅，但数百套别墅还是拔地而起，分布在秦岭北麓 5000 多平方千米的范围内，对植被和河流等生态环境造成严重破坏。业主非富即贵，还有部分党政要员。

2012 年 8 月，秦岭户县段圭峰山下 41 栋烂尾 10 年的违规别墅被拆除，官方称，将在统一规划下开发利用。但媒体调查发现，被拆别墅原址并未进行生态复原，而是换个由头又建新别墅。

2013 年 3 月的两会上，仍不断有人反映秦岭南北麓别墅、污染企业、高尔夫球场等项目到处可见。党媒直言，“国家中央公园”成为权贵的乐园，“陕西绿肺”化为权贵的专属区。

其问题的严重性以颇受关注的陈路超大违建别墅为例：占用基本农田越过“红线”。从初步调查情况看，这是一起严重违反《土地管理法》，严重侵占农用耕地的违法行为。该项目所占土地全部为基本农田。巧立名目、手续全无，最初是以盆景栽植、园林绿化的名义与蔡家坡村三组签订了土地租赁协议。租赁土地后，未经土地部门批准，非法占地进行建设，违反了《土地管理法（2004 年版）》第 43 条“任何单位和个人进行建设，需要使用土地的，必须依法申请使用国有土地”以及第 44 条“应当办理农用地转用审批手续”规定。别墅体量超大，共圈占基本农田约 9409 平方米，其中有鱼塘两处（约 1098 平方米），狗舍面积都达到了 78 平方米。

被党媒披露后，秦岭北麓违法建筑仍屹立不倒，甚至绵延成景、满山开花。

2014 年 3 月，多家媒体再次揭露，秦岭北麓违建别墅，有村民说：“其实不乏有些领导干部，大家似乎都是心知肚明。”

秦岭北麓的别墅开始连片出现，在官员给开发商开口子的同时，秦岭的生态环境也被撕开了口子。自此秦岭违章别墅乱象愈演愈烈。在此过程中，秦岭违建别墅破坏生态环境问题被媒体多次曝光。

终于在 2014 年 5 月 13 日，习近平总书记就秦岭北麓西安段圈地建别墅问题作出重要批示，要求陕西省委、省政府主要负责同志关注此事。这是总书记第一次对秦岭违章别墅问题作出批示，自党的十八大过后不到两年。对此批示，当时的陕西省委主要领导没有传达学习，也没有研究。时任陕西省委常委、西安市委书记将批示转给了时任西安市长，时任市长趁一次市政府常务会的间隙，在会议室走廊口头布置给了长安区、户县等区（县）领导。

由于传达之随意，以致参会的常务副市长直到一个月后才听说此事。接到指示的20多天后，“秦岭北麓违建整治调查小组”成立，担任组长的是已经退居二线的政府咨询员，且成员均是副手，根本没有能力动用政治资源。如此调查一个月后，即确认违建别墅已彻底查清，共计202栋。就这样，一个“202栋”的结果从县里到了市里，从市里到了省里，最后到了中央。这显然是蒙混过关。

很快在2014年10月13日，习近平总书记再次作出重要批示，“务必高度重视，以坚决的态度予以整治，以实际行动遏止此类破坏生态文明的问题蔓延扩散。”

然而，这一次陕西省委、西安市委仍然没有真正重视，只是在上一次202栋的基础上常规性地进入了整治阶段。处置工作很快完成，对202栋别墅，拆除145栋、没收57栋。

报告很快拟就并上报中央，“202栋违建别墅已得到彻底处置”。与此同时，西安市主要领导在《陕西日报》联名发文，堂而皇之地宣称“以积极作为、勇于担当的态度，彻底查清了违法建筑底数，违法建筑整治工作全部完成”。而真实情况远非如此，202栋违建别墅只是部分，另外一大批违建别墅则藏在了“文化旅游”的帽子下，这帽子被各级官员捂了个严严实实。

2015年2月到2018年4月，习近平总书记又作过3次重要批示，强调“对此类问题，就要扭住不放、一抓到底，不彻底解决、绝不放手。”

至此，总书记5次批示，且措辞越来越严厉，而陕西省委仍旧不领会精神，依旧虚与委蛇、作态应付。在陕西省委如此敷衍应付的姿态下，下面更加胆大妄为起来，户县、长安区甚至将别墅建设当成年度重点项目大力推进。违建别墅非但没有得到有效整治，反而越建越多。

终于，引发了第六次批示。2018年7月，习近平总书记对秦岭违建别墅再作批示：“首先从政治纪律查起，彻底查处整而未治、阳奉阴违、禁而不绝的问题。”不同以往的是，这一次整治的重点已经不是生态环境问题，而是政治生态问题。

2018年7月下旬，中央专门派出专项整治工作组入驻陕西，一场雷厉风行的专项整治行动在秦岭北麓西安境内展开。

（四）整改和效果

2018年9月29日下午3时许，在秦岭脚下的鄠邑区石井镇，蔡家坡村支亮超大违建别墅在轰鸣声中瓦解。10月14日随着该项目周边围墙的彻底拆除，这一秦岭最大违规“超级别墅”项目与周边的青山绿树重新融为一体，代表着秦岭拆违工作取得了阶段性成果。

第六次批示并问责后，西安市大力实施了违建拆除、植被修复、河道整治、峪口综合治理等一系列专项行动，并专门出台了秦岭保护的地方性法规，初步建立了秦岭生态保护的长效机制。截至 2020 年，整改完成。

共清查出违建别墅 1194 栋，最终 1185 栋拆除、9 栋没收，收回国有土地 304 公顷、退还集体土地 2017 公顷。一批党员干部因违纪违法被立案调查：在中央纪委督导下，有关部门深入对违纪违规人员进行查处，137 名干部被追责，处分人员中县处级以上 56 人，3 名厅局级干部被立案查处。共关闭 46 个矿权，矿权数量已经减少到 14 个（采矿权 8 个、探矿权 6 个）。完成蓝田县尧柏大茂嘴矿等 16 个矿山的地质环境治理。完成 18.76 万公顷永久基本农田划定，将 1.14 万公顷 25 度以上坡耕地从永久基本农田中退出（现状为耕地）；市政府与沿山 6 个区（县）政府签订了 23.91 万公顷耕地保护目标责任书，将区（县）耕地保有量、永久基本农田保护面积纳入全市年度目标责任考核内容。完成西安市秦岭生态环境保护区范围内农家乐治理 1263 户，采取农村管网收集的 773 户，自建设施 148 户，关闭取缔 342 户。清理整治小水电站 7 座。建立健全秦岭生态环境保护长效机制 84 项工作任务。

秦岭北麓的生态恢复工程也取得了效果。西安市秦岭北麓违法建筑全部依法拆除、没收。违建别墅被拆除之后，当地有关部门根据植被恢复方案，随即开展了垃圾清运与生态修复等后续工作。通过土地复垦、栽植树木等方式，尽快恢复地面及违建周边生态环境，保护秦岭山体原有的完整生态系统。

根据整改方案，西安实施了河道治理、峪口提升等生态项目建设，秦岭生态环境保护与富民工程相结合，加大秦岭保护执法力度，重拳打击乱砍滥伐、乱采乱挖、违法搭建等破坏秦岭生态环境的违法行为，持续加大秦岭生态保护力度，努力描绘“护一山碧绿，守一城安宁”的美景。

扭住问题不放手、根治顽疾抓到底，这就是习近平总书记一贯提倡的“钉钉子精神”。4 年间就同一问题 6 次作批示，习近平总书记身体力行“钉钉子”，以上率下真抓实干。

习近平总书记抓秦岭违建问题的整治，其意义远远超出了具体事件之外。对在一些地方和部门久治不愈的形式主义、官僚主义顽症，是一记响亮的警钟。秦岭违规开发建设整改开启了把生态环境问题作为政治生态问题的先河，也是因落实习近平总书记有关生态环境问题批示精神不力，中央首次专门派出专项整治工作组入驻地方。警示作用和震慑效果空前，是习近平总书记生态保护问责式执政标志性案例。

拆掉 1000 多栋别墅不是多大的工程，违规别墅背后的违规官员、违规思想，以及由此滋生出来的错综复杂的利益链才是问题的本质。也正是这些背后的蝇营狗苟才使总书记的批示上下“空转”数次，使问题悬而不解。据专项整治工作组组长、中纪委副书记徐令义在调查后道出的实情，“违建别墅能大行其道，一些领导干部和管理部门的干部与开发商官商勾结、权钱交易是重要的原因。”

2020 年 4 月，习近平总书记考察秦岭，是一次特殊的“环保督察回头看”。秦岭总算恢复了其秀丽本色。

第二章

林业草原国家公园融合发展的民生福祉

党的十九届五中全会把坚持新发展理念作为“十四五”经济社会发展必须遵循的原则，要求把新发展理念贯穿发展全过程和各领域，构建新发展格局，切实转变发展方式，推动质量变革、效率变革、动力变革，实现更高质量、更有效率、更加公平、更可持续、更为安全的发展。贯彻新发展理念，就要牢固树立以人民为中心的发展思想，努力提供更多优质生态产品，坚持问题导向，不断提升林草生态系统稳定性和质量，牢固树立底线思维，坚决守好国家生态安全屏障。贯彻新发展理念，就要坚持系统观念，统筹山水林田湖草沙系统治理，推动林业、草原、国家公园“三位一体”融合发展。要深化改革创新，坚持绿水青山就是金山银山理念，调动全社会各方面积极力量参与林草生态保护修复；要坚持久久为功，完善林草制度体系建设，为建设美丽中国贡献力量。

坚持良好生态环境是最公平的公共产品，是最普惠的民生福祉。加快森林城市、森林小镇、美丽乡村建设，构建生态宜居的生活环境。继续巩固拓展生态脱贫成果，推进乡村振兴，加快构建全社会参与的生态保护修复局面，努力增加优质生态产品供给，不断满足人民优美生态环境需要。

第一节　紧紧依靠人民　不断造福人民

一、以人民为中心建设美丽中国

生态兴则文明兴。党的十八大以来，以习近平同志为核心的党中央把生态文明建设摆在全局工作的突出位置，全面加强生态文明建设，一体化治理山水林田湖草沙，开展了一系列根本性、开创性、长远性工作，生态文明建设从认识到实践都发生了历史性、转折性、全局性变化。生态环境的显著改善为我国经济社会发展提供了有力支撑，不断满足人民群众日益增长的优美生态环境需要。思想是行动的先导，理论是实践的指南。我国生态环境的显著改善，根本在于习近平生态文明思想的科学指引。在以习近平同志为核心的党中央坚强领导下，各地区各部门深入学习贯彻习近平生态文明思想，牢固树立绿水青山就是金山银山理念，坚定不移走生态优先、绿色发展之路，集中解决老百姓身边的突出生态环境问题，坚持精准治污、科学治污、依法治污，保持力度、延伸深度、拓宽广度，持续打好蓝天、碧水、净土保卫战，让老百姓实实在在感受到生态环境质量改善。推进生态文明建设是我们党全心全意为人民服务根本宗旨的重要体现。

生态环境是关系民生的重大社会问题。习近平总书记指出：“良好生态环境是最公平的公共产品，是最普惠的民生福祉。”发展经济是为了民生，保护生态环境同样也是为了民生。这是坚持以人民为中心的发展思想在生态文明领域的生动体现。学习贯彻习近平生态文明思想，就要坚持环境与民生相互促进，为老百姓留住鸟语花香、绿水青山，不断提升人民群众的获得感、幸福感、安全感。党的十九大对加快生态文明体制改革、建设美丽中国作出系统安排，部署了一系列重大改革措施。推进美丽中国建设，就要坚持以人民为中心的发展思想，让人们在宜居宜业的生态环境中健康幸福地生活。为此，必须贯彻绿色发展理念，坚持生态惠民、生态利民、生态为民。持续将生态文明建设作为事关人民群众切身利益的大事来谋划和推进，认真听取人民群

初冬的北京湿地（王健奇 摄）

海南昌江县木棉花景区（刘俊 摄）

众的呼声愿望，聚焦人民群众对优美生态环境、优良生态产品、优质生态服务的新向往新期待，用心用情用力解民忧、纾民怨、暖民心。正确处理经济发展同生态环境保护的关系，坚持在发展中保护、在保护中发展，走生产发展、生活富裕、生态良好的文明发展道路。坚持以人民为中心推进生态文明建设，必须尊重人民主体地位，紧紧依靠人民群众。坚持群众路线，充分调动人民群众的积极性、主动性、创造性，党的事业就能始终立于不败之地。

习近平总书记指出："生态文明是人民群众共同参与共同建设共同享有的事业，要把建设美丽中国转化为全体人民自觉行动。每个人都是生态环境的保护者、建设者、受益者。"人民群众既是林业草原国家公园融合发展的受益者，也是推进生态文明建设的主体。建设美丽中国，需要尊重人民首创精神，激发蕴藏在人民群众之中的不竭力量，发挥人民群众的聪明才智，使生态文明建设扎根于人民群众的创造性实践之中。环境质量怎么样，老百姓的感受最直接。必须把人民群众的感受作为检验工作成效和环境质量的重要依据。要压实各方责任，坚持把解决突出生态环境问题作为民生优先领域，不断优化产业结构、推动高质量发展，着力推进重点行业和重点区域大气污染治理、颗粒物污染防治、流域和区域水污染治理、重金属污染和土壤污染综合治理等。坚决把自然资源保护好、把环境污染治理好、把生态环境建设好，努力建设人与自然和谐共生的现代化，推动生态文明建设和生态环境保护不断迈上新台阶。

绿色发展注重的是解决人与自然和谐问题，是解决人民生存环境、生活质量的大问题，是生态文明建设体现以人民福祉为中心的担当。以青海高原生态保护为例，大面积保护和修复对青海自身发展来讲会带来诸多限制，但从全国一盘棋来讲，其对国家生态安全、民族永续发展负有重大责任，承担着维护生态安全、保护三江源、保护“中华水塔”的重大使命，是对国家、对民族、对子孙后代负责的行为。事实是，青海通过深入实施保护“中华水塔”行动，三江源、祁连山等重点区域生态保护和修复工程，全省荒漠化、沙化土地呈“双缩减”趋势；通过打好蓝天、碧水、净土保卫战，35 个国家考核断面水质优良比例达 100%。木里矿区及祁连山南麓青海片区生态环境综合整治三年行动任务已完成近八成，实现“两年见绿出形象”的目标。青海全省 109 处各级

海南俯瞰雨林图（刘俊 摄）

各类自然保护地整合优化到79处，保护地总面积增加3.41万平方千米，以国家公园为主体的自然保护地体系基本成型。青海将继续聚力打造青藏高原生态文明高地，高质量推进国家公园示范省建设，筑牢国家生态安全屏障，确保“一江清水向东流”。

二、推进生态文明建设既是民生也是民意

生态文明建设，事关经济社会发展全局和人民群众切身利益，习近平总书记反复强调生态文明这一问题的极端重要性。良好生态环境是最公平的公共产品、最普惠的民生福祉。同时，生态环境是全面小康建设的突出短板，必须摆在重中之重的位置。环境也是民生。这个民生，一头连着百姓生活质量，一头连着社会和谐稳定，从改善民生的着力点看，生态文明也是民意所在。中央提出的转变经济发展方式，正跟老百姓想法一致。民生问题就是最大的政治。各地区各部门理应思考，跟上要求、不负期待。

一代人有一代人的责任。解决问题确实需要时间，也必须有个过程，我们用几十年的时间走完了西方发达国家几百年的路，快速发展起来之后的环境问题必然更加突出。但这不是可以坐等无为的借口。“利用倒逼机制，顺势而为”，这是中央提出的明确要求。坚决落实中央部署，严格执行中央政策，我们才能用扎实的行动和成效，让环境发生变化，让人民幸福生活。

生态文明建设，是一项长期的、复杂的系统工程，必须常抓不懈、久久为功，不能也不允许紧一阵松一阵，更不能走“前面污染，后面治污”的老路。要始终坚持生态优先、绿色发展的理念，坚决堵住环境污染的源头。同时，对于已经存在的环境问题，不能漠视，更不能寄希望于“一阵风”“一场雨”，要科学有效地抓好污染防治，既不能简单应付，更不能好大喜功。要多方面齐抓共管，多领域协同并治，着力打好治气、治水、治土三大攻坚战。要抓住当前最突出的环境问题，以减少化工污染、减少煤炭消耗总量为重点，从源头上为生态环境减负。

三、为人民群众提供更多生态福祉

建设生态文明是中华民族永续发展的根本大计，提供更多优质生态产品

是满足人民日益增长的美好生活需要的现实要求。党的十九大报告提出，“我们要建设的现代化是人与自然和谐共生的现代化，既要创造更多物质财富和精神财富以满足人民日益增长的美好生活需要，也要提供更多优质生态产品以满足人民日益增长的优美生态环境需要”，这为我们更好推动生态文明建设指明了方向和路径。

我国社会主要矛盾已经转化为人民日益增长的美好生活需要和不平衡不充分的发展之间的矛盾。生态环境在人民群众生活幸福指数中的权重不断提高。人民群众期盼享有更加优美的生态环境，从过去“盼温饱”到现在“盼环保”、从过去“求生存”到现在“求生态”。良好的生态环境是最公平的公共产品，是最普惠的民生福祉，为人民群众提供更多优质的生态产品，坚持生态惠民、生态利民、生态为民，是更好满足人民的美好生活需要、使人民群众公平享有发展成果的题中应有之义。

发展林业产业是全面推进乡村振兴、巩固拓展脱贫攻坚成果的必然要求。林业资源分布于广大山区乡村，森林既是重要的生态屏障，也是农民的重要生产资料。我国有 8000 万公顷的人工林，包括 2000 万公顷以上经济林、3267 万公顷用材林，这些都是农民稳定脱贫增收的“绿色银行”。近年来，新技术、新理念在林业产业中得到广泛应用，推动林业产业不断涌现出新产品、新业态。

我国山区经济多年的发展经验证明，大力发展核桃等林果经济林产业是山区农户脱贫致富的一条好路子，可使山区经济模式从单一的农耕模式向立体模式转变，极大增加山区土地的产出效益，已经成为农民脱贫致富的重要支柱产业。据统计，我国贫困山区，仅核桃产区人口纯收入来自核桃的可达 40% 左右，重点地区这一比例超过 60%。

贵州作为一个唯一没有平原支撑的典型山地省份，林地多耕地少（比如黔东南州，作为全国南方 28 个重点林区之一，林地总面积达 3269 万亩，森林覆盖率 67.98%，全州农村户籍人口人均耕地面积不足 1.0 亩，但人均林地面积近 10 亩）。贵州的“三农”问题即是“三林”（林业、林区、林农）问题，乡村振兴主战场在林区，贵州立足生态优势，走出了一条“发挥贵州优势、彰显贵州特色、体现贵州质量”的乡村振兴之路，把特色林业产业和林下经济作为持续巩固脱贫攻坚成果同乡村振兴有效衔接的重要产业支撑，以产业振兴带动乡村全面振兴的路子。

山西省太行山国有林区（刘俊 摄）

油茶作为全球四大木本油料树种之一，肩负着践行绿水青山就是金山银山理念的历史使命，通过政策引导，以龙头企业为带动，油茶产业已成为长江流域乡村振兴战略中的重要支撑产业。

四、坚持林业草原国家公园融合发展的民生导向

党的十八大以来，我国生态文明建设不论在理论创新还是在实践探索方面，都取得了令世人瞩目的成就。生态文明理念深入人心，理论体系不断丰富，建设力度不断加强，制度体系日趋系统完整，绿色发展动力日益增强，环境与发展的关系得到明显改善。生态环境保护不仅成为我国经济调结构、转方式的重要推动力，更成为中国展示给世界的一张新“名片”。

实现生态文明不是一蹴而就、一日而成的，而是在中国共产党带领下中华民族长期斗争中探索前进的。在这一探索过程中，中国共产党在生态文明

建设方面的方针政策始终以满足人民的环境需求为导向，体现了“人民有所呼，改革有所应”。

在新中国成立初期，围绕林业发展，毛泽东主席提出了“绿化中国”的口号。改革开放后，工业化、城镇化快速推进所带来的环境污染问题逐渐显现，邓小平同志把环境保护作为基本国策，开启了中国特色社会主义生态文明建设的道路。江泽民、胡锦涛同志坚持中国特色社会主义生态文明建设，先后制定了“可持续发展”和“两型社会”的国家战略，努力解决人民群众关心的环境污染问题。进入新时代，习近平总书记把生态建设和环境保护放在更突出地位，把生态文明建设纳入中国特色社会主义事业总体布局，融入经济建设、政治建设、文化建设、社会建设各方面和全过程，并且把“美丽中国”作为中华民族伟大复兴中国梦的重要内容。

习近平总书记指出：“良好生态环境是最公平的公共产品，是最普惠的民生福祉。”中国共产党“为人民谋幸福、为民族谋复兴”的初心，推动着中国生态文明建设不断向前，不断增加人民群众的民生福祉。因此，习近平总书记更是把生态文明建设作为一个政治问题，强调“要清醒认识保护生态环境、治理环境污染的紧迫性和艰巨性，清醒认识加强生态文明建设的重要性和必要性”。根据中央的总体部署，第二个 100 年将从我国发展的阶段性特征出发，以人民群众对美好生活的向往为着力点，坚持生态文明建设的民生导向；以改革创新为动力，从生产、流通、分配、消费的全过程入手，建立更加系统完整的生态文明制度体系，着力增强生态产品供给，提高生态服务能力。

领导带头参加义务植树活动就是一项很好的践行生态文明的导向活动。习近平总书记每年开春都要参加首都义务植树活动，并强调要加强宣传教育、创新活动形式，引导广大人民群众积极参加义务植树，不断提高义务植树尽责率，把义务植树深入持久开展下去。总书记还强调，绿化祖国，改善生态，人人有责。每一个公民都要自觉履行法定植树义务，各级领导干部更要身体力行，充分发挥全民绿化的制度优势，因地制宜，科学种植，加大人工造林力度。

2021 年是全民义务植树 40 周年。4 月 2 日，习近平总书记在参加首都义务植树活动时强调，要牢固树立绿水青山就是金山银山理念，坚定不移走生态优先、绿色发展之路，增加森林面积、提高森林质量，提升生态系统碳汇增量，为实现我国碳达峰碳中和目标、维护全球生态安全作出更大贡献。要深入开展好全民义务植树，坚持全国动员、全民动手、全社会共同参与，加强组织发动，创新工作机制，强化宣传教育，进一步激发全社会参与义务植树的积极性和主动性。广大党员、干部要带头履行植树义务，践行绿色低碳生活方式，呵护好我们的地球家园，守护好祖国的绿水青山，让人民过上高品质生活。

全国政协召开“全民义务植树行动的优化提升”网络议政远程协商会。全国人大、全国政协、中央军委分别开展“全国人大机关义务植树”“全国政协机关义务植树”“百名将军义务植树”活动。全国绿化委员会组织开展第 20 次共和国部长义务植树活动。全国 31 个省（自治区、直辖市）和新疆生产建设兵团领导以不同方式参加义务植树。

全国绿化委员会办公室部署开展全民义务植树 40 周年系列活动，启动全民义务植树立法工作，深入推进“互联网 + 全民义务植树”。北京市推出 8 个大类 37 种义务植树尽责方式。黑龙江省发布网络捐款项目、举办树木认养活动等。上海市举办第七届市民绿化节。浙江省组织开展“千校万人同栽千万棵树”等主题活动。福建省线上推出 43 个劳动尽责活动。重庆市推出《春季义务植树地图》。吉林、江苏、海南、四川、贵州、西藏、陕西、甘肃、新疆等省份积极开展植纪念林活动和义务植树基地建设。

近年来，建设生态文明示范区，建设森林城市、美丽乡村，在各地形成热潮。各地积极探索实践城市森林和美丽乡村建设，极大满足了人民群众对山更绿、水更清、环境更宜居的美好期盼。全国森林城市年均新增造林面积占全国总量的 20% 以上。在农村，大力开展美丽乡村建设，让居民望得见山、看得见水、记得住乡愁。截至 2021 年，全国已有 194 个城市获得“国家森林城市”称号，17 个省份开展了森林城市群建设。2021 年 3 月 11 日，全国绿化委员会办公室发布的《2020 年中国国土绿化状况公报》显示，2020 年全国开展国家森林城市建设的城市达 441 个。随着森林城市建设步伐不断加快，建设成效日益凸显，森林城市已成为建设生态文明和美丽中国的生动实践，改善生态环境、增进民生福祉的有效途径，弘扬生态文明理念、普及生态文化知识的重要平台。

既要绿水青山，也要金山银山，绿水青山就是金山银山。发展民生林业，就是要留住绿水青山，化为金山银山，促进绿水青山与金山银山有机统一。近年来，各地大力加强林业产业发展，积极培育发展特色经济林、森林旅游和林业休闲服务、花卉苗木等十大绿色富民产业，实现强林富民。贵州以“产业生态化、生态产业化”为理念，全面绿化宜林荒山荒地，大力发展经济林，既念好“山字经”，又种好“摇钱树”。

近年来，国有林场、国有林区和集体林权制度改革的实施，推进了民生林业建设步伐。集体林权制度改革赋予农民更多财产权利，把 1.8 亿公顷林地经营权和林木所有权真正交给农民，让亿万农民实实在在分享到了改革红利，实现了“生态受保护、农民得实惠”的目标。这项改革惠及 1 亿农户、4 亿农民，全国 2550 个林改县农民人均年林业收入占年收入的比重达到 14.6%，重点林区县超过 60%。国有林场改革和国有林区改革，按照建立有利于保护和发展森林资源、有利于改善生态和改善民生、有利于增强林业发展活力的国有林场林区新体制，实现生态美、百姓富的改革目标正在稳步推进。浙江白云山林场通过几年改革试点，让林场职工从青山绿树中尝到了“甜头”，林场职工的年均工资提高了 3 倍。

山西省太岳山国有林区（刘俊 摄）

良好生态，全民共有、全民共建、全民共享。习近平总书记曾指出："良好生态环境是最公平的公共产品，是最普惠的民生福祉"。这种公平和普惠，就是人人参与、人人共享。美丽中国，绿色是根本。祖国大地只有披上绿装，才有美的基础，才有良好的生态环境。

第二节　在高质量发展中扎实推进共同富裕

一、共同富裕是高质量发展的内在要求

党的十九大提出，我国经济由高速增长阶段转向高质量发展阶段。相比于高速增长重视解决总量问题，高质量发展更加重视解决结构问题。从高质量发展的目的及内涵来看，推进共同富裕是高质量发展的内在要求。

共同富裕是高质量发展的根本目的。当前我国社会主要矛盾已经转变为

人民日益增长的美好生活需要和不平衡不充分的发展之间的矛盾，人民的诉求更多表现为对高质量发展的追求。高质量发展，通俗地说，就是从“有没有”转向“好不好”，不仅需要满足人民对物质、生态、精神、社会和政治等方面的需求，更要通过解决城乡差距、地区差距和收入差距等问题，增强发展的平衡性、协调性和包容性，推进高质量发展，最终实现共同富裕，推进共同富裕是高质量发展的根本目的。

共同富裕是高质量发展的重要内容。高质量发展是“能够很好满足人民日益增长的美好生活需要的发展，是体现新发展理念的发展，是创新成为第一动力、协调成为内生特点、绿色成为普遍形态、开放成为必由之路、共享成为根本目的的发展”。实现共享发展，强调坚持人民主体地位，广大人民既是成就的创造者，也是成果的享受者。坚持共享发展就是要实现全民共享、全面共享、共建共享和渐进共享，缩小收入分配差距，促进社会公平正义，让全体人民都能享受到改革发展的成果。全面共享就是要统筹推进经济建设、政治建设、社会建设、文化建设和生态文明建设，使各方面发展相互协调，全面保障人民各方面的合法权益和利益。共建共享就是要汇聚民智、激发民力，形成人人参与、全民共建的生动局面。渐进共享是指实现共享发展是一个从低级到高级、从不均衡到均衡的渐进过程。实现共享发展任重道远，需要全党、全国各族人民的持续共同努力。

促进共同富裕，最艰巨、最繁重的任务仍然在农村和林区。发挥林业草原国家公园融合发展的地域、资源和产业优势，全面推进乡村和林场振兴，加快农林草产业化，盘活农村林场资产，增加农民、林场职工、牧民财产性收入，才能使更多基层百姓实现共同富裕。近年来，浙江丽水市莲都区扎实推进林业高质量发展，深入践行“绿水青山就是金山银山”理念，聚焦“改革、产业、生态”三篇文章，以丰富的森林资源开展生态价值转换，助推乡村共同富裕，是一个值得借鉴的案例。

一是做好“改革”文章，实现惠林富民。加快林业改革，加强公益林管理建设，探索更多生态产品价值实现路径，通过与各银行的紧密合作，创新、优化金融服务，探索林权抵押贷款新模式，公益林损失性补偿资金发放坚持落实“阳光工程”。用 5 年时间推进林地经营权流转 3759 公顷，办理林地经营权流转登记 1049 公顷。培育林业经营主体 60 家。发放公益林生态效益补偿资金 1.4 亿元，惠及莲都区 1 个国有林场、15 个乡镇的 181 个村级集体经济组织和 36755 户农户。

二是做好“产业”文章，实现兴林富民。进一步壮大林下经济，大力发展木本粮油特色产业，培育好森林康养新业态。目前，共创成国家级生态文化村 1 个，全国野生铁皮石斛示范基地 1 个，省市级森林休闲小镇 2 个、“森林人家”“森林康养”特色村 12 个，省级生态文化基地 3 个，市级林业体验园 3 个。油茶种植面积增至 7000 公顷，年均油茶籽产量达 6500 吨，年产值 1.75 亿元。

三是做好“生态”文章，实现强林富民。积极推广优良乡土树种及珍贵树种、彩色树种造林，重点推行“珍贵树种 +”的模式，全面推进“一村万树”三年行动、百万亩国土绿化行动、“一亩山万元钱”等工程建设。目前已成功创成“一村万树”示范村 12 个，推进村 89 个，创成国家级森林乡村 7 个，共种植珍贵树种 203.2 万株。累计完成国土绿化 800 公顷，推广“一亩山万元钱”模式 3267 公顷，实现总产值 37717.5 万元。

二、高质量发展是共同富裕的牢固基石

共同富裕具有鲜明的时代特征，是全体人民通过辛勤劳动和相互帮助，普遍达到生活富裕富足、精神自信自强、环境宜居宜业、社会和谐和睦、公共服务普及普惠，实现人的全面发展和社会全面进步，共享改革发展成果和幸福美好生活的状态。扎实推进共同富裕，要在“做大蛋糕”的基础上“分好蛋糕”。高质量发展可以实现效率与公平的统一，能够在“做大蛋糕”和“分好蛋糕”两方面持续发力，扎实推进共同富裕。

实现高质量发展可以进一步“做大蛋糕”。生产力是推动社会进步最活跃的要素。生产力决定生产关系，经济基础决定上层建筑，只有在经济发展的基础上才能实现共同富裕。实现高质量发展，从供给看，表现为产业体系更加完整，生产组织方式实现网络化、智能化，产品和服务质量不断提高；从需求看，表现为不断满足人民群众个性化、多样化的升级需求；从投入产出看，意味着不断提高劳动生产率和资源利用率，不断提升科技进步贡献率，不断提高全要素生产率；从宏观经济循环看，实现了生产、流通、分配、消费各环节的循环畅通，国民经济重大比例关系和空间布局比较合理，经济发展比较平稳，不出现大的起落。这些特征表明，实现高质量发展，我国的现

代化经济体系将更加系统完备，国际竞争力进一步增强，从而为推进共同富裕打下坚实的物质基础。

实现高质量发展有助于“分好蛋糕”。共同富裕不是少数人的富裕，也不是整齐划一的平均主义。实现共同富裕，要求在“做大蛋糕”的基础上，通过形成人人享有的合理分配格局以及保障和改善民生，促进社会公平，实现效率与公平、发展与共享的统一。实现高质量发展，要求实现投资有回报、企业有利润、员工有收入、政府有税收，并且充分反映各自按市场评价的贡献，通过按劳分配与按生产要素分配相结合，完善收入分配制度，缩小收入分配差距。推进高质量发展，要求通过实施乡村振兴战略缩小城乡发展差距，通过实施区域协调发展战略缩小区域发展差距。总之，高质量发展有助于通过“分好蛋糕”，切实推进共同富裕。

山东淄博原山林场是一个很有说服力的例子。1957 年，第一代原山人面对满目荒芜的石灰岩山地和仅有的百余把铁锨洋镐，提出“建原山勇挑重担，爱原山无私奉献”的建场初期原山精神，他们先生产后生活，先治坡后治窝，通过封山造林、耕云播雨、移石种绿 20 载，为座座荒山披上了绿装。到改革开放后，国家接连出台“事改企”试点和森林限伐政策，原山林场财政“断奶”、政策“断粮”。在市场经济里，以往只会种树、看树、管树的原山人摸着石头过河，开始了“以副保林养人”的奋斗之路，通过闯市场、上项目赚取资金保林养人。改革开放前 20 年里，由于思想陈旧，粗放经营，到 1996 年，原山林场陷入了负债 4009 万元，126 家债主轮番上门讨债的困难局面。

面对巨额债务、职工集体上访、项目经营亏损、机制体制不活不顺等困境，经过场党委的共同研究，结合林场自身实际，提出了“保生态，保民生”两大目标，开始探索艰苦创业、改革创新、自力更生、集约发展的新路。在“特别能吃苦、特别能战斗、特别能忍耐、特别能奉献”的新原山精神引领下，一大批党员干部带头作为，率先垂范，依靠集体力量开启共同致富之路，原山林场先后接管、代管了淄博市园艺场、淄博林业培训中心、淄博市实验苗圃、淄博颜山宾馆 4 家困难事业单位，形成了由 5 家事业单位、1 家企业组成的综合性经营单位，妥善安置职工千余人，为社会间接提供就业岗位 3000 多个，实现了共同富裕，为政府分担了压力，为社会稳定作出了贡献。

截至 2021 年，原山林场在全国国有林场中第一家创办旅游项目，目前年旅游收入超过 5000 万；建设全国国有林场中的第一家艰苦创业纪念馆，每年接待全国各地的培训人员超过10万人；全国国有林场第一个提出不拖欠职工工资，25年来按时发放、连年增长，比1996年增长了将近十倍，并且实现了每位职工山上一张床、林场一套房、城里一套学区房的居住目标；建成了山东省第一支摩托化、现代化专业防火队伍，实现林场25年零火警，64年无火灾；全国国有林场第一家实行场党委领导下的“一场两制”管理模式，走出一条林场保生态、企业创效益、公园创品牌的科学发展之路，成为全国推广国有林场改革的样板。

原山人总结自己共同富裕道路的经验时，有这么几条：不忘初心，牢记使命，以艰苦奋斗赶走贫穷落后实现绿色发展；组织放心，职工满意，以“一家人”理念凝聚力量筑梦新时代；听党指挥，不辱使命，以走在前列推进深化国有林场改革试点；信念坚定，对党忠诚，以职工为中心坚定不移走“共同富裕”道路。这充分诠释了在习近平生态文明思想的指引下，高质量发展是共同富裕的牢固基石这一道理。

三、以高质量发展推进共同富裕

在促进高质量发展中实现共同富裕，要以改革创新为根本动力，以解决地区差距、城乡差距、收入差距为主攻方向，尽力而为、量力而行。“十四五”规划和2035年远景目标纲要指出，到2035年全体人民共同富裕取得更为明显的实质进展；党的十九大报告强调，到2050年全体人民共同富裕基本实现。要实现这些目标，就必须通过高质量发展扎实推进共同富裕。

提高发展的质量和效益，夯实共同富裕的物质基础。以供给侧结构性改革为主线，把经济工作的着力点放在实体经济上，提高供给质量，建设现代化经济体系。加快发展先进制造业，在中高端消费、共享经济等领域培育新的增长点，推动传统产业优化升级。提升经济循环的效率，贯通生产、分配、流通、消费各个环节，构建新发展格局，扭住扩大内需这个战略基点，形成需求牵引供给、供给创造需求的更高水平动态平衡。加强自主创新能力建设，深化科技体制改革，建立以企业为主体、市场为导向、产学研深度融合的技术创新体系。

坚持和完善基本经济制度，处理好效率与公平的关系。公有制为主体、多种所有制经济共同发展，按劳分配为主体、多种分配方式并存，社会主义市场经济体制等社会主义基本经济制度，既体现了社会主义制度的优越性，又同我国社会主义初级阶段社会生产力发展水平相适应，是党和人民的伟大创造。必须坚持和完善基本经济制度，正确处理效率和公平的关系，坚持“两个毫不动摇”，才能真正扎实推进共同富裕。推动有效市场和有为政府的更好结合，激发各类市场主体活力。完善收入分配制度，把按劳分配和按生产要素分配结合起来，建立健全初次分配、再分配、三次分配的调节机制，缩小贫富差距，促进社会公平正义。

实现基本公共服务优质共享，不断缩小城乡、区域发展差距。城乡、区域发展差距不仅表现为经济发展水平的差距，还表现为基本公共服务供给水平的差距。实现高质量发展，增强发展的平衡性、协调性和包容性，必须实现基本公共服务的优质共享。要实现基本公共服务均等化，在义务教育、养老服务、卫生保健、住房保障等基本民生问题上向乡村和偏远地区倾斜。推进以人为核心的新型城镇化，健全农业转移人口市民化长效机制。完善社会保障制度，健全多层次、多支柱养老保险体系，推动基本医疗保险、失业保险、工伤保险更高层次统筹，完善分层分类、城乡统筹的社会救助体系。

打造生态宜居环境，丰富人民群众精神生活。共同富裕不仅是物质富裕，而且是精神富裕。要以社会主义核心价值观为引导，加强爱国主义、集体主义、社会主义教育，形成勤劳致富、共同富裕的文化氛围。要深入实施文化惠民工程，实现基本公共文化服务均等化。同时，大力推进生态文明建设，建设美丽中国，实现人与自然和谐共生。强化国土空间规划和用途管控，坚持耕地保护和节约用地原则，严厉打击在发展过程中污染环境、破坏生态的行为，实现绿色发展。推进垃圾分类，倡导简约适度、绿色低碳、文明健康的生活方式，为人民群众打造生态宜居的生活环境。

通过林业产业高质量发展实现共同富裕的案例很多，亚布力林业局就是一个典型。该林业局紧紧围绕龙江森工集团有限公司发展战略部署，因地制宜，以保护生态安全为基础，依托自然、资源优势挖掘内部活力，大力发展优势产业，促进一、二、三产业融合，推动林区高质量发展。公司通过龙头企业引领、基地示范带动、电子商务助推的发展模式，积极引领职工群众大力发展“森林农业”“森林食品”产业，在林区探索“公司＋基地＋农户”的经营模式，全力构建功能多样、业态丰富、利益联结紧密的产业融合格局。依托“林粮、林菌、林果、林禽、林药”带动了林下产业生产基地快速壮大，继续做强蜂蜜、蜂胶、蜂王浆蜂产品加工，木耳、蘑菇、猴头食用菌生产，蕨菜、薇菜、刺嫩芽、广东菜等山野菜采摘和松子、核桃、榛子坚果移栽以及树莓、蓝莓、紫莓三莓栽培等产业，并培育了一批本土原生态品牌；建立“猪菜同生”种植、养殖产业核心基础，已完成 3000 头规模“猪菜同生”生态种养循环模式示范基地建设；打造集观光、休闲、游览、采摘、度假等多功能于一体的综合休闲体验园地。还利用“互联网 +”电子商务平台，促进生产、加工、销售等不同领域的相互渗透，为发展现代生态农业提供了新的发展路径与动力；在森林农业用地及产品标准认证上，已完成 15 万亩森林土地有机认证，完成 40 种森林食品产品有机认证；在精深加工上，已完成盘活闲置资产进行森林食品产业化加工项目建设车间改造，研发检测中心已开始样品生产，15 种发明专利创新产品已正式投放市场。同时，在山下的局址已完成盘活闲置资产进行营地房车项目建设车间改造，进入正式投产阶段，为大健康产业养生旅游营地建设提供保障；在森林食材进社区的推进中，哈尔滨市社区生态生鲜超市已开业运营，现已成为践行“新零售”产业的先行者。

亚布力林业局不断优化林区产业结构，在巩固多种经营产业基础地位的同时，推动森林农业产业三产融合创新发展，并把生态、环保、健康与饮食这几大基本民生需求牢牢抓在手上，利用益生菌生物技术探索种养产业科技创新，从第一产业生态种养循环开始，拓宽绿色产业发展空间，实现种养产业技术革命，突破森林农业、森林食品产业发展现状，从“猪菜同生”模式的实践开始，推广到鸡牛羊等更多品类的生态种养，解决更多的职工就业、家庭增收，完成更大比重的秸秆还田利用，减少更大程度的养殖污染，改良更好质量的林下净土，最终实现绿色生态产业持续良性发展的目标。

四、推进绿色发展，实现生产方式和生活方式转型

绿色是生命的象征、大自然的底色，更是美好生活的基础、人民群众的期盼。绿色发展是新发展理念的重要组成部分，是建设美丽中国的重要内容。要实现绿色发展，必须改变传统的经济发展模式，调整产业结构和能源结构，提升能源使用效率。

建立健全绿色低碳循环的经济体系。我国环境问题的产生与经济发展方式息息相关，加快建立健全绿色低碳循环的经济体系是解决污染问题的治本

之策。这就要建立绿色生产方式，减少资源能源消耗，减少污染排放，减少生态破坏。要做好自然资本核算和生态服务估价，打牢绿水青山转变为金山银山的基础，把生态价格内化为增长动力。深入实施供给侧结构性改革，做好传统产业生态化、循环化、低碳化转型发展，加快火电、钢铁等高排放行业超低排放改造，实施重污染行业达标排放改造，同时推进煤炭清洁化利用，加快解决风、光、水电消纳问题。发展生态环境服务业，推广节能、节水服务产业等新型业态模式，培育壮大以新能源、电动汽车等生态产业和产品为主体的绿色环保产业，发展生态有机农业。

构建市场导向的绿色科技创新体系。科学技术是第一生产力，绿色科技创新是破解资源环境约束的根本之计，是推进生态文明建设的重要着力点。构建市场导向的绿色科技创新体系，就是要"发挥市场对技术研发方向、路线选择、要素价格、各类创新要素配置的导向作用，让市场真正在创新资源配置中起决定性作用"。要面向市场需求促进绿色科技研发，设计技术研究路线，推动绿色技术转化；充分发挥企业在绿色科技创新中的主体地位和作用，真正使企业成为绿色科技创新决策、研发投入、科研组织和成果转化的主体，加快培育形成一批具有国际竞争力的绿色创新型领军企业；完善推进绿色科技创新的体制机制和配套政策。政府要更好发挥作用，加大对绿色科技领域基础研究的投入，做好科技创新风险兜底，完善知识产权保护制度，保护企业创新权益；搭建科研院校与企业绿色科技交流平台，打通绿色科技从实验室到企业再到市场中的梗阻；加快发展绿色金融，支持金融机构加大对绿色科技的投融资服务。

推进资源全面节约和循环利用体系。节约资源是我国的基本国策。习近平总书记强调，"改变传统的'大量生产、大量消耗、大量排放'的生产模式和消费模式，使资源、生产、消费等要素相匹配相适应，实现经济社会发展和生态环境保护协调统一、人与自然和谐共处。"推进资源全面节约和循环利用、建设资源节约型社会，要强化能源消耗总量和强度双控制度，完善立法，严格执行《中华人民共和国节约能源法》，加大违法惩罚力度；严格税收制度，对于资源消耗型的粗放式企业征收高税收，通过税收手段调节排放行为；完善市场化节能减排机制，推行阶梯电价、水价、气价，拉大阶梯价格差距，倒逼企业节约资源；逐步提高能效标准，更新能效标识，做好市场导向，鼓励消费端选择高能效产品，逐步实现消费产品换代升级。

倡导简约适度、绿色低碳的生活方式。绿色发展方式与生活方式，是从根本上进行生态治理的重大选择。习近平总书记强调“要倡导简约适度、绿色低碳的生活方式，拒绝奢华和浪费。”要加强生态文明宣传教育，组织开展绿色低碳理念宣传活动和科普活动，营造绿色低碳生活的舆论氛围，增强人民群众过绿色低碳生活的思想自觉和行动自觉；强化公民环境意识，引导居民转变消费观念，倡导勤俭节约、绿色低碳消费。从生活小细节入手，倡导节水节能节电，鼓励居民使用环保用品，倡导重复使用和循环使用，积极倡导绿色低碳出行；广泛开展节约型机关、绿色家庭、绿色学校、绿色社区创建活动，通过生活方式绿色革命，倒逼生产方式绿色转型。

近年来，福建省三明市以增绿量、保存量、高质量为目标，以推进国土绿化、持续深化林业改革创新为着力点，加快林业供给侧结构性调整，促进林业一、二、三产业融合发展，为实现生产方式和生活方式的转型提供了一个成功的案例。

一是做特“一产”，培育三产。通过调整传统的杉木、马尾松“两棵树”造林模式，突出闽楠、红豆树、福建柏、南方红豆杉等高价值森林培育，推进具有地域特色的森林景观带建设，采取抚育间伐、补植补造、人工促进天然更新等措施，精准提升森林质量，在提高活立木附加值的同时，培育开展森林康养、森林文化的森林环境。全市完成国土绿化 1.44 万公顷，其中珍贵树种造林 2033 公顷、乡村生态景观林建设 64 公顷。创建福建省森林村庄 33 个、珍贵树种造林示范区 8 个。

二是做大“二产”，反哺一产。着力拉长延伸林业上下游产业链，通过百亿县（市）拉动、龙头企业带动、项目招商联动、科技创新驱动、商标品牌驱动、干部合力推动“六轮齐动”举措，推动竹材加工产业转型升级、“宁化—三元”家具产业带建设、木结构房屋产业发展，2018 年全市规模以上林产工业产值 864 亿元，财力增加又为一产的良性发展奠定了经济基础。

三是做优“三产”，惠及民生。积极拓展森林康养、森林文化等产业，以森林康养、森林文化、森林体验为主攻方向，按照“林旅文”融合的发展方向，依托丰富的森林资源和源远流长的森林文化优势，融合生态文化、朱子文化、客家文化、红色文化，拓展森林旅游发展区，深化林业产业的内涵。目前，三明已建有国家级森林公园 6 处、省级 19 处，总面积 37.3 万亩，国家湿地公园 2 处，“森林人家”72 家。老百姓钱袋子充实了，环境更美了，幸福感强了。

第三节　以习近平生态文明思想为指导建设美丽中国

一、全面完成生态文明治国体系构建

（一）基本实现可持续发展生态支撑能力

党的十八大以来，牢固树立了保护生态环境就是保护生产力、改善生态环境就是发展生产力的理念，着力补齐一块块生态短板。生态文明建设纳入了“五位一体”总体布局、新时代基本方略、新发展理念和三大攻坚战中，开展了一系列根本性、开创性、长远性工作，推动生态环境保护发生了历史性、转折性、全局性变化。在全面加强生态保护的基础上，不断加大生态修复力度，持续推进了大规模国土绿化、湿地与河湖保护修复、防沙治沙、水土保持、生物多样性保护、土地综合整治、海洋生态修复等重点生态工程，取得了显著成效。我国生态恶化趋势基本得到遏制，自然生态系统总体稳定向好，服务功能逐步增强，国家生态安全屏障骨架基本构筑，基本实现可持续发展生态支撑能力。林草业“十三五”规划主要任务全面完成，约束性指标顺利实现，生态状况明显改善。通过全面加强生态保护修复，着力推进国土绿化，着力提高森林质量，着力开展森林城市建设，着力建设国家公园，为建设生态文明、决战脱贫攻坚、决胜全面小康作出了重要贡献，森林覆盖率达到 23.04%，森林蓄积量达到 175.6 亿立方米，草原综合植被盖度达到 56.1%，湿地保护率达到 52%，治理沙化土地 1.5 亿亩，进入林业草原国家公园“三位一体”融合发展新阶段。

一是森林资源总量持续快速增长，生态系统质量不断改善。2015 年，西起大兴安岭、东到长白山脉、北至小兴安岭，绵延数千千米的原始大森林里，千百年来的伐木声戛然而止。重点国有林区停伐，宣告多年来向森林过度索取的历史结束。通过“三北”、长江等重点防护林体系建设，天然林资源保护、退耕还林还草等重大生态工程建设，深入开展全民义务植树，森林资源

总量实现快速增长。截至 2018 年年底，年均新增造林超过 600 万公顷。森林质量提升，良种使用率从 51% 提高到 61%，造林苗木合格率稳定在 90% 以上，累计建设国家储备林 326 万公顷。118 个城市成为“国家森林城市”。“三北”工程启动两个百万亩防护林基地建设。全国森林面积居世界第五位，森林蓄积量居世界第六位，人工林面积长期居世界首位。

“十三五”期间，累计完成造林 3633 万公顷，森林抚育 4247 万公顷，建设国家储备林 320 万公顷，森林覆盖率提高到 23.04%，森林蓄积量超过 175 亿立方米，连续 30 年保持“双增长”，成为森林资源增长最多的国家。新增国家森林城市 98 个，城市建成区绿地率、绿化覆盖率分别达 37.34%、41.11%，城市人均公园绿地面积达 14.11 平方米，城乡人居环境明显改善。各类自然保护地实现统一管理，制定了《关于建立以国家公园为主体的自然保护地体系的指导意见》。自然保护地整合优化工作取得阶段性成果，完成了省级预案编制和集中审核，开展了自然保护区范围及功能分区优化调整。启动了首批 39 处国家草原自然公园建设试点。新增世界自然遗产 4 项、世界地质公园 8 处，总数量均居世界首位。出台了国家公园设立规范，编制了国家公园空间布局方案，10 处国家公园试点任务基本完成，在管理体制、运行机制、自然资源资产管理、生态保护修复等方面进行了积极探索。森林覆盖率、森林蓄积量确定为国家“十三五”规划纲要的约束性指标，强化了地方政府保护发展森林资源的主体责任。天然林保护范围扩大到全国，全面停止商业性采伐，1.3 亿公顷天然乔木林得到休养生息，每年减少天然林资源消耗 3400 万立方米。构建了国家、省、县三级林地保护利用规划体系，建立了全国森林资源管理“一张图”，基本实现以规划管地、以图管地。严格落实林地草地用途管制和审核审批规定，实行使用林地差别化管理政策，提高了森林植被恢复费标准，促进了建设项目节约集约使用林地草地。认真开展森林督察和系列专项行动，五年来共查处涉林（草）行政案件 79 万件、82 万人。

二是草原生态系统恶化趋势得到遏制。通过实施退牧还草、退耕还草、草原生态保护和修复等工程，以及草原生态保护补助奖励等政策，草原生态系统质量有所改善，草原生态功能逐步恢复。2011—2018 年，全国草原植被综合盖度从 51% 提高到 55.7%，重点天然草原牲畜超载率从 28% 下降到 10.2%。“十三五”期间，草原保护修复重大工程项目深入实施，人工种草生态修复试点正式启动，落实草原禁牧 8000 万公顷、草畜平衡 1.73 亿公顷，草原超载率由2015年的13.5%下降到2020年的10.1%，天然草原综合植被盖度达到56.1%，天然草原鲜草总产量突破11亿吨。完成退化草原修复治理面积1299万公顷。其中，实施围栏封育960万公顷、退化草原改良154万公顷、人工种草141万公顷，治理黑土滩30万公顷、石漠化草地15万公顷。稳步扩大退牧还草工程范围，将草原面积大于33万公顷的27个牧区县全部纳入工程实施范围。通过对100多个草原生态保护修复工程县的地面监测结果表明，工程区内植被逐步恢复，生态环境明显改善。与非工程区相比，工程区内草原植被盖度平均提高15%，植被高度平均增加48.1%，单位面积鲜草产量平均提高85%，草原生态改善效果十分明显。2019年，在河北等8省（自治区）开展了退化草原人工种草生态修复试点，安排中央资金10.2亿元，落实人工种草修复8万公顷，草种基地2267公顷，草原改良4.52万公顷，有害生物防治143万公顷。

三是水土流失及荒漠化防治效果显著。积极实施京津风沙源治理、石漠化综合治理等防沙治沙工程和国家水土保持重点工程，启动了沙化土地封禁保护区等试点工作，全国荒漠化和沙化面积、石漠化面积持续减少，区域水土资源条件得到明显改善。2012年以来，全国水土流失面积减少了2123万公顷，完成防沙治沙1310万公顷、石漠化土地治理280万公顷。党的十八大后5年内我国治理沙化土地840万公顷，荒漠化、沙化呈整体遏制、重点治理区明显改善的态势，沙化土地面积年均缩减1980平方千米、石漠化土地面积年均减少3860平方千米，实现了由“沙进人退”到“人进沙退”的历史性转变。“十三五”期间，荒漠化防治继续保持世界领先地位，累计治理沙化和石漠化土地1200万公顷，沙化土地封禁保护区面积扩大到177万公顷，荒漠化、沙化面积和程度持续降低，四大沙地生态状况整体改善，北方沙尘暴天气次数明显减少。

四是河湖、湿地保护恢复初见成效。中国湿地保护经历了摸清家底和夯实基础（1992—2003）、抢救性保护（2004—2015）、全面保护（2016—2021）3个阶段，随着湿地保护法出台，湿地保护将进入新时代高质量发展阶段。2005年，我国启动国家湿地公园试点建设。经过16年的发展，国家湿地公园通过“试点制”“晋升制”等方式设立，“十三五”期间，湿地从抢救性保护进入全面保护阶段，出台了一系列保护管理制度，28个省份开展了湿地保护立法，启动了红树林保护修复专项行动计划，退化湿地恢复、湿地生态效益补偿稳步实施，5 年新增湿地面积 20 多万公顷。国家湿地公园属于我国自然保护地体系中的自然公园范畴，有效保护了 240 万公顷湿地，带动区域经济增长 500 多亿元，约 90% 的国家湿地公园向公众免费开放，成为人民群众共享的绿色空间。

2021 年年底出台了《湿地保护法》，28 个省（自治区、直辖市）先后出台了湿地保护法规。湿地保护法于 2022 年 6 月 1 日起施行。保护管理体系初步建立。中国指定了 64 处国际重要湿地，建立了 602 处湿地自然保护区、1600 余处湿地公园和为数众多的湿地保护小区，形成了较为完善的湿地保护体系，湿地保护率达 52.65%。工程规划体系日益完善。2003 年，国务院批准发布了《全国湿地保护工程规划（2002—2030）》，陆续实施了 3 个五年期实施规划，中央政府累计投入 198 亿元，实施了 4100 多个工程项目，带动地方共同开展湿地生态保护修复。调查监测体系初步形成。中国是全球首个完成三次全国湿地资源调查的国家，国土三调正式将湿地列为一级地类。对外履约不断深化。中国作为《湿地公约》常委会成员和科技委员会主席，为全球生态治理贡献中国智慧和中国方案。

2022 年是中国加入《湿地公约》30 周年。30 年来，我国大力推进湿地保护修复，湿地生态状况持续改善。中国以全球 4% 的湿地，满足了世界 1/5 人口对湿地生产、生活、生态和文化等多种需求，为全球湿地保护和合理利用作出了重要贡献。

五是生物多样性保护步伐加快。通过稳步推进国家公园体制试点，持续实施自然保护区建设、濒危野生动植物抢救性保护等工程，生物多样性保护取得积极成效。截至 2018 年年底，我国已有各类自然保护区 2700 多处，90% 的典型陆地生态系统类型、85% 的野生动物种群和 65% 的高等植物群落纳入保护范围。大熊猫、朱鹮、东北虎、东北豹、藏羚羊、苏铁等濒危野生动植物种群数量呈稳中有升的态势。

认真落实地方行政首长负责制以及林草部门行业管理责任和经营单位主体责任。加强防火队伍、基础设施和物资储备库建设，开展雷击火监测预警课题研究，努力提高综合防控能力。“十三五”时期，森林草原火灾保持较低水平，年均森林火灾受害率不足千分之一，森林火灾发生次数、受害森林面积、人员伤亡分别比“十二五”时期下降 44.1%、20.3%、22%。出台了《松材线虫病生态灾害督办追责办法》，制定了松材线虫病疫情防控五年攻坚行动计划，加强了重点区域防控，及时处置了黄脊竹蝗、沙漠蝗入侵。同时，不断完善野生动物疫源疫病监测防控体系，及时发现并处置高致病性禽流感、非洲猪瘟等野生动物疫情 82 起。

“十三五”期间，全国人大常委会专门作出决定，为革除滥食野生动物陋习、全面保护野生动物提供了法律保障。举全行业之力抓好野生动物禁食后续工作，禁食野生动物处置率和补偿资金到位率均达 100%。对破坏野生动植物资源行为始终保持高压态势，建立了部门间联动机制，多次联合开展专项打击行动。调整了国家重点保护野生动物名录。野生动植物资源调查取得阶段性成果，基本掌握 252 种野生动物和 189 种野生植物的种群分布和底数。全面禁止象牙、犀牛、虎骨及其制品贸易，持续开展濒危物种和极小种群野生植物抢救性保护，大熊猫、朱鹮、野马、苏铁、兰科等 300 多种珍稀濒危野生动植物种群数量稳中有升。

（二）黄河流域生态进入全面恢复第一阶段

黄河流域是我国生态区位、生态功能、生态质量等各方面均具有典型代表性的区域，是研究观测全国生态环境质量的最佳代表，2019 年 9 月 18 日，习近平总书记在黄河流域生态保护和高质量发展座谈会上发表重要讲话，指出“保护黄河是事关中华民族伟大复兴的千秋大计”，选择该区域生态质量指标来衡量和评判全国生态环境整体状态具有代表性和科学性。

研究和监测表明，黄河流域生态状态已经进入全面恢复的初级阶段。表现在：

一是植被覆盖发生了显著的变化，水土流失得到遏制。1999 年开始实施的“退耕还林还草”政策，使整个流域的植被覆盖发生了显著的变化。研究表明，黄河流域大部分地区植被覆盖在 2000 年以后明显变好，且黄河中下游植被覆盖增加最为显著，整个黄河流域植被覆盖指数增加幅度达 36.6%。其中，上游流域（兰州站以上集水区）1982—2017 年增加了 22.8%；中下游流域增加 43.9%。近年来黄土高原输沙量的锐减，其主要原因也是造林绿化增加了下垫面的植被覆盖率，遏制了因降水产生的水土流失，减少了输入河流的泥沙。张艳芳等研究指出，从归一化植被指数（NDVI）和标准化降水—蒸散指数（SPEI）来看，黄河源区 2000 年以来总体上均呈波动上升趋势，即植被覆盖状况略有好转，干旱程度有所降低，仅源区中部及若尔盖生态区干旱程度略有加剧，黄河源区总体而言气象干旱呈现出缓解的趋势。

二是上游降水量增加，进入“流域大气地面湿化耦合”第一阶段。甘肃省气象局总工程师张强认为：“西北地区西部降水增加趋势持续了30多年，这是一个相对较长的降水趋势增加期，也超过了计算基准气候态的30年气候期限，所以西北地区西部降水增加趋势基本可以肯定了。”“区域气候条件有所改善，气候舒适度有所提升；水资源总量有所增加，水循环机制有所改善，径流量和湖泊面积有所增大；部分地区的生态环境向好发展，一些脆弱敏感区域的生态退化趋势受到一定遏制；农作物适宜种植面积有所扩展，农业气候资源有所优化。”任怡等研究发现，2000—2013年黄河上游源区段由干旱逐渐转为正常偏湿润。也有基于多组帕尔默干旱强度指数（PDSI）的分析表明，黄河源区自20世纪90年代以来的气象和水文干旱均有缓解的迹象。上游年降水量增加了33毫米，中下游流域年降水量减少了31.6毫米。郑子彦等研究也表明，黄河源区自20世纪50年代以来降水总体呈现出不断增多的态势，其长期增长趋势达到每十年7.28毫米。其中，1951—2000年，黄河源区降水变化非常平稳，仅以每十年3.76毫米不显著的趋势呈微弱的增长；但自2001年之后，降水量以每年3.22毫米的速度迅猛增多，几乎是1951—2000年增速的10倍。

这与新中国生态建设史基本吻合，也与流域大气地面湿化耦合相符。监测数据表明，2015年后陕西的降雨期拉长了，汛期来得早、结束得晚。多个县的林业部门监测统计表明，年降水一般增加30~50毫米。时间与南水北调中线2014年年底全线通水高度契合。从监测和研究数据可以说明，一是黄河流域已进入上游湿润化的第一阶段，且这种趋势随着生态建设成果加大和大型生态干预工程建成在明显加快，也表明我国生态千年退化趋势已经步入逆转的良好局面。二是东线、中线生态调水补水工程的生态促进作用在区域宏观生态层面得到了验证，对加快西线工程建设的必要性有了新的认识。

（三）国土空间开发保护格局与生态安全屏障不断优化

“三线一单”为国土空间开发利用定下生态规矩。“十三五”期间，京津冀3个省（直辖市）、长江经济带11个省（直辖市）和宁夏回族自治区共15个省份初步划定生态保护红线，其他16个省份基本形成划定方案。长江经济带11个省（直辖市）及青海省“三线一单”（生态保护红线、环境质量底线、资源利用上线和生态环境准入清单）成果发布实施，建设了“三线一单”数据应用平台，实现数据集中管理、数据共享。提出了基于污染和风险强度分级的工业项目分类管理。从空间布局约束、污染物排放管控、环境风险管控、资源利用效率维度，制订了“省—片区 / 流域—地市—单元”4 个层次的生态环境准入清单。

实现生态环境质量稳中有升。2019 年，全国生态环境状况指数值为 51.3，817 个开展生态环境动态变化评价的国家重点生态功能区县域中，与 2017 年相比，生态环境变好的县域占 12.5%，基本稳定的占 78.0%。

连续 3 年，联合国环境规划署将“地球卫士奖”分别颁给中国塞罕坝林场建设者、浙江省“千村示范、万村整治”工程和“蚂蚁森林”项目，折射出国际社会对中国生态文明实践的广泛认可，彰显保护全球生态安全的中国担当。在全球森林资源持续减少的背景下，我国森林面积和蓄积量持续“双增长”。荒漠化和沙化土地面积连续 3 个监测期均保持缩减态势。联合国粮农组织发布的 2020 年《全球森林资源评估报告》，充分肯定了中国在森林保护和植树造林方面对全球的贡献。这份报告指出，近 10 年中国森林面积年均净增加量居全球第一，且远超其他国家。

“绿水青山就是金山银山”理念美妙地阐述了人与自然和谐，中国坚持绿色可持续的发展道路。生态文明思想和构建生态空间安全对我们来说到底意味着什么。这场变革的意义和成果，绝不只是“地球卫士奖”连续 3 年花落中国、为全球贡献了近 1/4 的“新绿”、二氧化碳排放量 12 年间下降近一半等这些让世界赞叹的成绩，绝不只是拨“霾”见蓝天、臭水沟变成湿地公园、生态旅游成富民产业等这些身边的显性福利，也绝不只是社会环保意识增强、某行业循环经济产业链成型、多种能源资源节约等这些局部的系统性改善。而在于，它在我们还未被生态之槛完全绊住发展脚步之时，提出一种超越传统工业文明的新的文明境界，让重塑人与自然的关系成为可能，让突破社会发展瓶颈成为可能，让中国现代化发展取得战略主动、赢得转型时间成为可能，从而让中华民族永续发展成为可能。

（四）结构战略调整推动林草产业绿色发展

林业产业其原料可再生，产品可降解，整个过程可循环；此外，林业生物质能源、生物质材料、生物医药等是生物产业的重要组成部分，而生物产业已成为继信息产业之后新的经济增长点和未来国际竞争的战略制高点。同时，林业产业生态效益明显，有储碳、环保等功能，具有广阔的市场发展前景和空间，更是惠农富民的民生产业。如今，山林里有了生物质量、产量提高的柳树、刺槐等能源林，也有了产品产量提高的巴旦杏、核桃等名特优经济林。产业结构的调整，资源格局的变化，让山林里的绿色发挥出了更大的经济效益。国家储备林、名特优经济林高效培育等技术体系的建立，使我国在商品林资源总量及林产品竞争力方面取得了重大进展。我国能源林、名特优经济林、特种工业原料林等增产显著，经济效益明显提高。

2021 年，全国经济林面积保持在 4000 万公顷以上，完成油茶林新造改造 25.13 万公顷。印发《关于加快推进竹产业创新发展的意见》《全国林下经济发展指南（2021—2030 年）》。在广西、江西开展现代林业产业示范省建设。生态旅游游客量达 20.93 亿人次，同比增长超过 12%。成功举办第十届中国花卉博览会、第十一届中国竹文化节和第十四届中国义乌国际森林产品博览会。印发《关于实现巩固拓展脱贫攻坚成果同乡村振兴有效衔接的意见》。编制《生态系统碳汇能力巩固提升实施方案（2021—2030 年）》《实现 2030 年森林蓄积量目标实施方案》《林业和草原碳汇行动方案（2021—2030 年）》。开展森林生态系统增汇潜力评估和关键增汇技术研发。形成《2020 年全国林草碳汇计量分析主要结果报告》。在浙江省安吉县建立全国首个县级竹林碳汇收储交易机制。

近年来，我国林业产业规模不断扩大，产业结构逐步优化，第一产业和第二产业稳中有进，第三产业加速成长。

《2018 年度中国林业和草原发展报告》公报显示，2018 年，林业总产值增加，产业结构优化，鲜草总产量增加，牲畜超载率下降。全国商品材总产量为 8810.86 万立方米，全国非商品材总产量为 2087.64 万立方米，经济林产品产量达到 1.81 亿吨，全年林业旅游和休闲的人数达到 36.6 亿人次。林业产业总产值达到 7.63 万亿元，林业三次产业结构比为 32∶46∶22，产业结构进一步优化，第三产业增长迅速，比重增加 3 个百分点。林业旅游与休闲服务业产值增速达 21.50%。全国天然草原鲜草总产量 109942.02 万吨，全国已承包的草原面积约为 2.87 亿公顷。全国重点天然草原平均牲畜超载率为 10.2%。全国共采集甘草 69422.8 吨、麻黄草 13440.5 吨、冬虫夏草 146.04 吨。

《国家林业和草原局关于促进林草产业高质量发展的指导意见》提出，到 2025 年，林草资源合理利用体制机制基本形成，林草资源支撑能力显著增强，优质林草产品产量显著增加，林产品贸易进一步扩大，力争全国林业总产值在现有基础上提高 50% 以上，主要经济林产品产量达 2.5 亿吨，林产品进出口贸易额达2400亿美元；产业结构不断优化，新产业、新业态大量涌现，森林和草原服务业加速发展，森林的非木质利用全面加强和优化，林业旅游、康养与休闲产业接待规模达50亿人次，一、二、三产业比例调整到25∶48∶27；资源开发利用监督管理进一步加强，资源利用效率和生产技术水平进一步提升，产业质量效益显著改善；有效增进国家生态安全、木材安全、粮油安全和能源安全，有力助推乡村振兴、脱贫攻坚和经济社会发展，服务国家战略能力全面增强。到2035年，林草资源配置水平明显提高，林草产业规模进一步扩大，优质林草产品供给更加充足，产业结构更加优化，产品质量和服务水平全面提升，资源利用监管更加有效，服务国家战略能力持续增强，我国迈入林草产业强国行列。2035年前，林草产业高质量发展的重点工作体现在8个方面：

1. 增强木材供给能力。突出可持续经营和定向集约培育，加大人工用材林培育力度。以国家储备林为重点，加快大径级、珍贵树种用材林培育步伐。推进用材林中幼林抚育和低质低效林改造。支持林业重点龙头企业或有经营能力的其他社会投资主体参与原料林基地建设。加强竹藤资源培育，发展优质高产的竹藤原料基地，增加用材供给。

2. 推动经济林和花卉产业提质增效。坚持规模适度、突出品质、注重特色，建设木本油料、特色果品、木本粮食、木本调料、木本饲料、森林药材等经济林基地和花卉基地，创建一批示范基地，培育特色优势产业集群。加强优良品种选育推广，健全标准体系，推行标准化生产，调整品种结构，培育主导产品。发展精深加工，搞好产销衔接，增强带动能力。

3. 巩固提升林下经济产业发展水平。完善林下经济规划布局和资源保护利用政策。支持小农户和规模经营主体发展林下经济。提升林下经济质量管理和品牌建设能力，完善技术和产品标准，出台林下药用植物种植等技术规程，规范林下经济发展。培育一批规模适度、特色鲜明、效益显著、环境友好、带动力强的林下经济示范基地。

4. 规范有序发展特种养殖。发挥林区生态环境和物种资源优势，以非重点保护动物为主攻方向，培育一批特种养殖基地和养殖大户，提升繁育能力，扩大种群规模，增加市场供给。鼓励社会资本参与种源繁育、扩繁和规模化养殖，发展野生动物驯养观赏和皮毛肉蛋药加工。完善野生动物繁育利用制度，加强行业管理和服务，推动保护、繁育与利用规范有序协调发展。

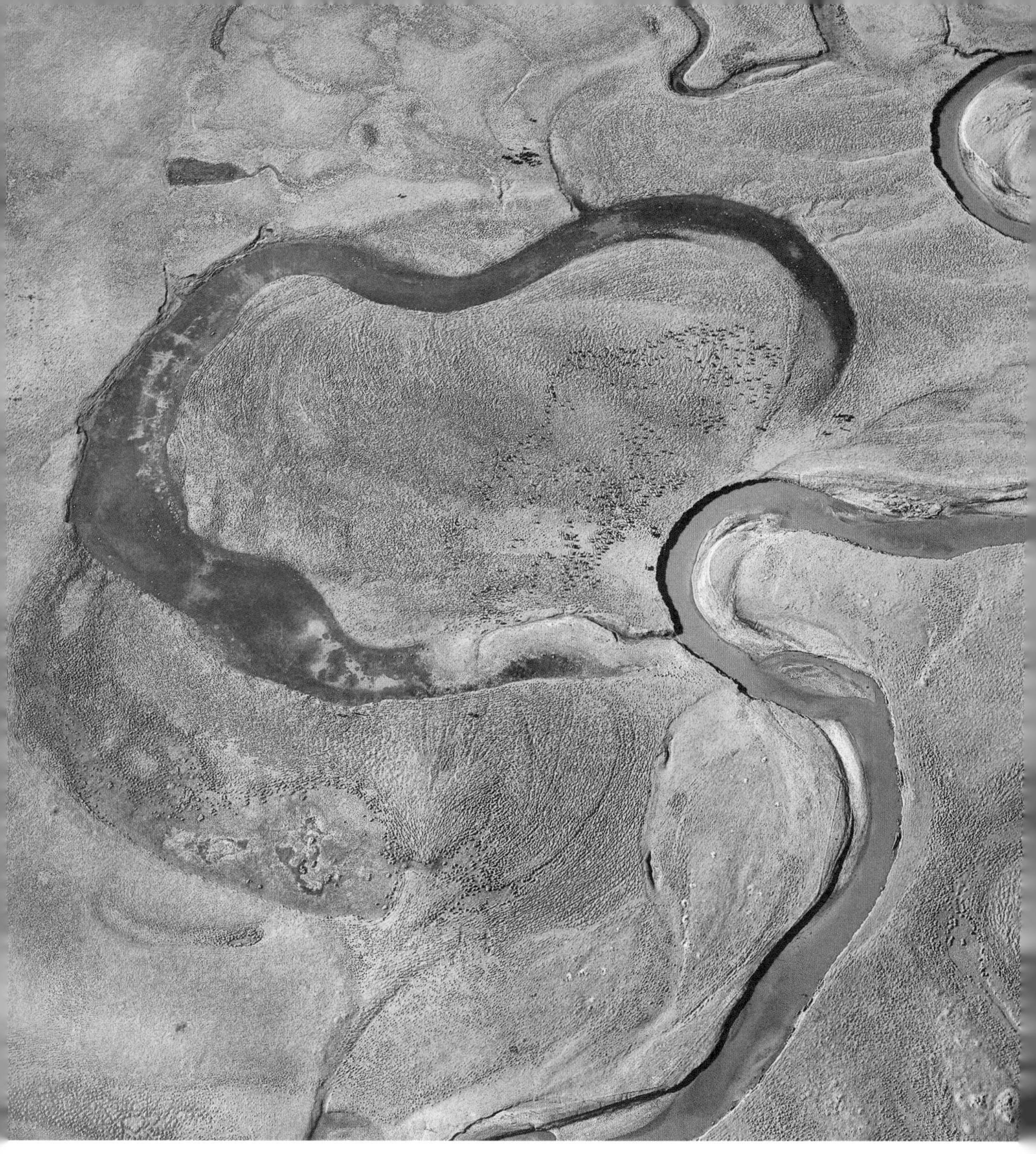

黄河第一湾湿地（高屯子 摄）

5. 促进产品加工业升级。优化原料基地和林草产品加工业布局，促进上下游衔接配套。支持农户和农民合作社改善林草产品储藏、保鲜、烘干、分级、包装条件，提升初加工水平。加大生物、工程、环保、信息等技术集成应用力度，加强节能环保和清洁生产，促进加工网络化、智能化、精细化。支持营养功能成分提取技术研究和开发，培育发展森林食品。开发林业生物质能源、生物质材料和生物质产品，挖掘林产工业潜力。鼓励龙头企业牵头组建集种养加服于一体、产学研用相结合的各类林草产业联盟。

6. 大力发展森林生态旅游。制定森林生态旅游与自然资源保护良性互动的政策机制。推动标准化建设，建立统一的信息统计与发布机制。积极培育森林生态旅游新业态、新产品。开展服务质量等级评定。加强试点示范基地建设，打造国家森林步道、特色森林生态旅游线路、新型森林生态旅游地品牌。加强森林生态旅游宣传推介。引导各地围绕森林生态旅游开展森林城镇、森林人家、森林村庄建设。

7. 积极发展森林康养。编制实施森林康养产业发展规划，以满足多层次市场需求为导向，科学利用森林生态环境、景观资源、食品药材和文化资源，大力兴办保健养生、康复疗养、健康养老等森林康养服务。建设森林浴场、森林氧吧、森林康复中心、森林疗养场馆、康养步道、导引系统等服务设施。加强森林药材种植培育、森林食品和药材保健疗养功能研发。推动实施森林康养基地质量评定标准，创建国家森林康养基地。

8. 培育壮大草产业。继续实施退牧还草工程，启动草原生态修复工程，保护天然草原资源。加大人工种草投入力度，扩大草原改良建设规模，提高草原牧草供应能力。启动草业良种工程，加大优良草种繁育体系建设力度，逐步形成草品种集中生产区。加大牧草种植业投入，出台草产品加工业发展激励政策。重视发展草坪业，提高草坪应用水平。积极发展草原旅游，开展大美草原精品推介活动，打造草原旅游精品路线。

（五）区域林草业发展各具特色和优势

《2018 年度中国林业和草原发展报告》公报显示，“一带一路”建设林业合作进展顺利，长江经济带林业发展工作扎实有效推进，京津冀协同发展林业工作持续进行。传统的东、中、西和东北各区域间和区域内的林业发展更趋均衡。草原资源分布和草业发展区域差异特征明显。

1. 国家战略下的区域林业发展。“一带一路”区域内森林覆盖率为22.36%，与第八次全国森林资源清查数据相比，提高了 1.00 个百分点；2018 年造林面积为 381.02 万公顷，占全国的 52.20%；全国 66.37% 的重点工程造林在该区开展，林业产业总产值为 3.68 万亿元，占全国的 48.23%；累计完成林业投资额 2489.88 亿元，占全国的 51.69%；2018 年，我国与“一带一路”沿线国家的林产品贸易同比增长 4.72%，占我国林产品贸易总额的 32.03%。

长江经济带区域森林覆盖率为44.38%，远高于全国平均水平，与第八次全国森林资源清查数据相比提高了2.85个百分点；2018年造林面积为290.01万公顷，占全国的39.73%；林业产业较为发达，林业产业总产值为3.72万亿元，占全国的48.75%；林业旅游与休闲产业收入8273.97亿元，占全国的63.43%，直接带动的其他产业产值7941.12亿元，占全国的74.21%；2018年，共安排长江经济带11省（直辖市）营造林任务61.67万公顷；开展《长江经济带森林生态保护和修复规划》的修订工作，编制完成《长江经济带共抓大保护林业支持政策汇编》。京津冀区域内森林覆盖率为27.30%，略高于全国平均水平，与第八次全国森林资源清查数据相比，提高了3.66个百分点；2018年造林总面积为63.96万公顷，占全国的8.76%；在岗职工年平均工资较高，为8.66万元，为全国平均水平的1.48倍；2018年，参与《河北雄安新区规划纲要》及产业、综合交通等专项规划编制工作，编制《环首都国家公园体系发展规划（2016–2020年）》并通过专家审定，收集编辑《京津冀协同发展林业生态支持政策汇编》相关文件。

2. 传统区划下的林业发展。东部地区森林覆盖率为39.28%，森林面积0.36亿公顷，森林蓄积量19.64亿立方米，分别占全国的16.36%和11.18%；2018年，区内共完成造林面积137.16万公顷，占全国造林总面积的18.79%；2018年，区内林业产业总产值33114.72亿元。该区林业产业实力雄厚，林

红原大草原湿地（高屯子 摄）

业产业持续高速发展。中部地区森林覆盖率为 38.29%；产业发展特色较为突出，湖南和江西的油茶产业产值分别达 372.73 亿元和 320.92 亿元，列全国首位和第二位；区内油茶林面积 277.46 万公顷，占全国的 65.03%。西部地区森林覆盖率为 19.40%；区内共完成造林面积 364.17 万公顷，占全国造林总面积的 49.89%；区内内蒙古的造林面积 60 万公顷，名列全国第二；区内贵州省接待旅游人数高达 4.14 亿人次，名列全国首位；区内的广西作为我国重要的木材战略储备生产基地，商品材产量高达 3174.82 万立方米，名列全国第一。该区是我国林副产品的主产区之一，林下经济发展颇具特色和竞争力，林下经济产业大有可为。2018 年，东北地区森林覆盖率为 42.39%；受国有林区转型升级影响，林业产业产值略有减少，区内林业产业总产值 4064.33 亿元，占全国林业产业总产值的 5.33%；该区的商品材产量持续调减，区内商品材产量 407 万立方米，比 2017 年减少了 13.65%；区内黑龙江省林业系统在岗职工人数 23.81 万人，名列全国首位。综合而言，东部地区森林覆盖率最高，西部人均造林面积和人均林地面积最高，东部地区林业创造的产业产值、林业职工工资水平和单位林地面积投资额均最高，中部地区和西部地区林业区位较高。就各省份而言，福建森林覆盖率最高，河北的造林面积最大，广东的林业产业产值最高，广西的商品材产量、林业投资和林业区位熵额最高。

3. 区域草原发展。国家战略下的“一带一路”区域拥有天然草原面积 3.28 亿公顷，其中，西北区天然草原面积 1.15 亿公顷、东北区天然草原面积 0.96 亿公顷、西南区天然草原面积 1.00 亿公顷。长江经济带草地面积约有 0.65 亿公顷。长江经济带草原鼠虫害发生区域主要在四川省。京津冀地区天然草原面积约 0.53 亿公顷。传统区域下共有草原面积 3.93 亿公顷，主要分布在西藏（20.89%）、内蒙古（20.06%)、新疆（14.58%）、青海（9.26%）、四川（5.17%）、甘肃（4.56%）、云南（3.90%）、广西（2.21%）等省份。东部 10 个省份共有草原面积 1681.14 万公顷，占全国草原总面积的 4.28%；中部 6 个省份共有草原面积 2781.62 万公顷，占全国草原总面积的 7.08%；西部是草原主要分布区，12 个省份共有草原面积 3.31 亿公顷，占全国草原总面积的 84.37%；东北三省共有草原面积 1676.28 万公顷，占全国草原总面积的 4.27%。

（六）生态文化建设构筑生态软实力

生态文化是融合人类文明成果和时代精神，促进人与自然和谐共存、协

延庆黄峪口村（王健奇 摄）

同发展的先进文化，是推进现代林业建设的思想基础和精神动力。2007 年，国家林业局提出全面推进现代林业建设，努力构建完善的林业生态体系、发达的林业产业体系和繁荣的文化体系。生态文化建设作为现代林业建设的重要内容在全国林业系统全面展开。2011 年 10 月，党的十七届六中全会通过《中共中央关于深化文化体制改革推动社会主义文化大发展大繁荣若干重大问题的决定》，2012 年 11 月，党的十八大把生态文明建设纳入中国特色社会主义建设“五位一体”的总体战略布局，提出必须树立尊重自然、顺应自然、保护自然的生态文明理念，把生态文明建设融入经济建设、政治建设、文化建设、社会建设各方面和全过程。2015 年，中共中央、国务院出台了《关于加快推进生态文明建设的意见》，提出了坚持把培养生态文化作为重要支撑的生态文明建设基本原则。

生态文化建设不断提升林草工作形象。荒漠化防治、森林减排增汇、野生动物保护已成为展示我国负责任大国形象的靓丽名片，国际影响力明显提升。与25个国家签署了33份部门间双边合作协议，在中国—中东欧、中国—东盟等高层对话机制下建立了 3 个林业常态化交流机制。成功举办 2019 中国北京世界园艺博览会、《联合国防治荒漠化公约》第十三次缔约方大会等重要国际活动，“三北”工程荣获联合国“森林战略规划优秀实践奖”，塞罕坝林场被联合国环境署授予“地球卫生奖”。选树了河北塞罕坝、甘肃八步沙等重大典型，打造了“绿水青山看中国”“秘境之眼”等宣传品牌，推出了一大批生态文化精品力作，生态文明理念不断深入人心。

一是生态文化基础设施建设。按照“公益性、基础性、均等性、便利性”的要求，依托林业资源优势，加快森林、湿地、荒漠、野生动植物类型的博物馆、展览馆、科技馆和生态文化园区等生态文化基础设施建设。近年来，全国先后建成了一系列的自然博物馆、纪念馆、宣教馆及科普中心，如新疆防治荒漠化纪念馆、中国（哈尔滨）森林博物馆、宁夏湿地博物馆、湖州市梁希纪念馆、古树博物馆、昆虫博物馆等。在植物园、自然保护区、湿地公园、郊野公园、生态公园等建立了各类生态文化主题园、文化长廊、宣传橱窗（标牌）、户外电子屏等，广泛开展生态文化宣传教育活动，产生了良好的效果。

二是以“森林城市”为载体的生态文化创新。2004 年，启动了以“让森林走进城市，让城市拥抱森林”为宗旨的“创建国家森林城市”活动，得到各级地方政府积极响应。这项活动由全国政协人口资源环境委员会、国家林业和草原局具体承办，组织开展了一系列主题活动，在全国产生了深远影响，已成为具有广泛社会影响力的重要品牌，成为推动林草事业发展和生态文明建设的重要平台，成为地方谋发展、百姓谋福祉的重要抓手。“国家森林城市”的评选每年一次。

创建森林城市是坚持科学发展观、构建和谐社会、体现以人为本，全面推进我国城市走生产发展、生活富裕、生态良好发展道路的重要途径，是加强城市生态文明建设的有力手段。新形势下，我国将持续科学推进森林城市建设，深入践行新发展理念和绿水青山就是金山银山的理念，统筹山水林田湖草沙系统治理，以建设美丽中国为总目标，以满足人民群众美好生活需要为总任务，扩大生态空间，提升生态服务功能，弘扬生态文化。

2004 年，全国绿化委员会、原国家林业局启动了“国家森林城市”评定程序，并制定了《“国家森林城市”评价指标》和《“国家森林城市”申报办法》。同时，每年举办一届中国城市森林论坛。原中共中央政治局常委、全国政协主席贾庆林为首届中国城市森林论坛作出“让森林走进城市，让城市拥抱森林”的重要批示，成为中国城市森林论坛的宗旨，也成为保护城市生态环境，提升城市形象和竞争力，推动区域经济持续健康发展的新理念。2016 年 1 月 26 日，习近平总书记主持召开中央财经领导小组第十二次会议时强调，“要着力开展森林城市建设，搞好城市内绿化，使城市适宜绿化的地方都绿起来；搞好城市周边绿化，充分利用不适宜耕作的土地开展绿化造林；搞好城

北京延庆的冬日（王健奇 摄）

市群绿化，扩大城市之间的生态空间。”森林城市的建设成为国家发展战略的一个新内容，也成为习近平总书记寄予林业发展的一个新要求。同年 5 月，原国家林业局印发的《林业发展“十三五”规划》，将森林城市建设作为林业“十三五”工作的重点内容。同年 9 月，国家林业局印发的《关于着力开展森林城市建设的指导意见》，明确了森林城市建设的指导思想、基本原则、发展目标、主要任务和保障措施等内容。2018 年，《全国森林城市发展规划（2018—2025 年）》颁布实施，明确了全国森林城市建设的总体布局、发展分区和重点区域。2019 年 4 月 8 日，习近平总书记在参加首都义务植树活动时强调，要践行绿水青山就是金山银山的理念，推动国土绿化高质量发展，统筹山水林田湖草系统治理，因地制宜深入推进大规模国土绿化行动，持续推进森林城市、森林乡村建设，着力改善人居环境，做到四季常绿、季季有花，发展绿色经济，加强森林管护，推动国土绿化不断取得实实在在的成效。这既是习近平总书记对森林城市建设工作的充分肯定，也对深入开展森林城市建设提出了更高要求。

森林城市已经走过了 17 年的发展历程，全国各地区、各部门积极推进森林城市建设，取得了实实在在的显著成效，为我国推动城乡绿色发展、满足广大人民群众对良好生态环境需求、建设生态文明和美丽中国作出了积极贡献。许多资源型城市和老工业城市，如辽宁本溪、江西新余、广西柳州等，都通过创建国家森林城市，增加了城市的绿色基调，培植起以森林为依托的生态旅游、休闲康养等绿色产业，有力促进城市转型升级和绿色发展。“森林城市”目前已成为彰显一个城市生态文明建设的至高荣誉，同时也是综合体现一个城市社会经济发展水平与文明发展程度的重要标志。截至2021年年底，全国已经有194个城市被授予“国家森林城市”称号，森林城市已不仅是我国褒奖一个城市生态文明建设的最高荣誉，也是体现一个城市综合实力的重要标志。

三是生态文化样板示范基地。以国家森林城市、全国生态文明教育基地、全国生态文化村、生态文化示范企业（基地）等创建活动为抓手，积极打造生态文化样板示范基地，弘扬生态文化，建设生态文明。

2008年，国家林业局联合教育部、共青团中央开展“国家生态文明教育基地”创建活动，一大批森林公园、自然保护区、湿地公园、中学和高等院校、博物馆、重要纪念地等单位被纳入国家生态文明教育基地，在社会上产生较大影响。

2009年，中国生态文化协会开展了全国生态文化村、全国生态文化示范基地、全国生态文化示范企业命名活动。在全国遴选出一批在传承和弘扬生态文化、发展生态文化产业方面具有较大代表性和影响力的基层单位和行政村作为典型示范，充分发挥在全国和当地的示范带动作用。这项遴选命名活动，严格执行推荐—申报—初评—复评—公示等程序，经专家组评审，最终确定。截至2021年，全国生态文化村已达938个。

四是繁荣的生态文化作品创作。创作出思想性艺术性观赏性相统一、人民群众喜闻乐见的优秀生态文化作品，是生态文化发展繁荣的重要标志。通过深入的理论研究和挖掘整理，众多具有时代特征、宣扬主旋律和绿色智慧的文化作品不断推出。以塞罕坝为代表的一批新的典型在社会上产生重大的正能量和积极影响。

（七）拟定碳达峰、碳中和实现路径和目标

2021年，中央提出我国力争2030年前实现碳达峰、2060年前实现碳中和的新的绿色发展目标，这是党中央经过深思熟虑作出的重大战略决策，为

重庆天坑地缝（刘继广 摄）

中华民族永续发展和构建人类命运共同体作出的新的战略部署。政策从贯彻新发展理念，坚持系统观念，处理好发展和减排、整体和局部、短期和中长期的关系等方面提出了明确要求，以全国统筹、顶层设计、发挥制度优势、压实各方责任、根据各地实际分类施策为策略，以全面绿色转型为引领，以能源绿色低碳发展，加快形成节约资源和保护环境的产业结构、生产方式、生活方式、空间格局，全面实现生态优先、绿色低碳的高质量发展为目标。

按照《中共中央、国务院关于完整准确全面贯彻新发展理念做好碳达峰碳中和工作的意见》工作要求，拟定了《2030 年前碳达峰行动方案》（以下简称《方案》），对推进碳达峰实现路径和工作目标作出总体部署。

《方案》立足新发展阶段，完整、准确、全面贯彻新发展理念，构建新发展格局，坚持系统观念，处理好发展和减排、整体和局部、短期和中长期的关系，统筹稳增长和调结构，把碳达峰、碳中和纳入经济社会发展全局，有力有序有效做好碳达峰工作，加快实现生产生活方式绿色变革，推动经济社会发展建立在资源高效利用和绿色低碳发展的基础之上，确保如期实现2030年前碳达峰目标。

《方案》强调，要坚持“总体部署、分类施策，系统推进、重点突破，双轮驱动、两手发力，稳妥有序、安全降碳”的工作原则，强化顶层设计和各方统筹，加强政策的系统性、协同性，更好发挥政府作用，充分发挥市场机制作用，坚持先立后破，以保障国家能源安全和经济发展为底线，推动能源低碳转型平稳过渡，稳妥有序、循序渐进推进碳达峰行动，确保安全降碳。《方案》提出了非化石能源消费比重、能源利用效率提升、二氧化碳排放强度降低等主要目标。

《方案》要求，将碳达峰贯穿于经济社会发展全过程和各方面，重点实施能源绿色低碳转型行动、节能降碳增效行动、工业领域碳达峰行动、城乡建设碳达峰行动、交通运输绿色低碳行动、循环经济助力降碳行动、绿色低碳科技创新行动、碳汇能力巩固提升行动、绿色低碳全民行动、各地区梯次有序碳达峰行动“碳达峰十大行动”，并就开展国际合作和加强政策保障作出相应部署。

《方案》要求，要强化统筹协调，加强党中央对碳达峰、碳中和工作的集中统一领导，碳达峰、碳中和工作领导小组对碳达峰相关工作进行整体部署和系统推进，领导小组办公室要加强统筹协调，督促将各项目标任务落实落细；要强化责任落实，着力抓好各项任务落实，确保政策到位、措施到位、成效到位；要严格监督考核，逐步建立系统完善的碳达峰碳中和综合评价考核制度，加强监督考核结果应用，对碳达峰工作成效突出的地区、单位和个人按规定给予表彰奖励，对未完成目标任务的地区、部门依规依法实行通报批评和约谈问责。

二、退耕还林工程诠释“绿水青山就是金山银山”

（一）退耕还林还草工程是体制生态自觉性的展现

中国是一个以农立国的社会，几千年来朝代兴替大多围绕土地问题博弈展开，土地承载的是粮食问题，民以食为天，少食的结果是动荡。按照这一逻辑，1998年水灾之后提出的大规模退耕还林可谓是开天辟地第一遭，当时面对将近 13 亿人口的吃饭问题，大量的耕地非农化能否带来粮食安全问题是首要考虑的问题，从另一个角度分析，在体制生态自觉总体一脉相承的背景下，从 1949 年新中国成立，粮食和耕地都是首要考虑的头等大事，为什么 1998 年后可以发生逆转呢?

解决人口大国粮食安全问题，首先要排除寄希望于国际市场的办法。手中有粮、心里不慌，尽管可以充分利用国际市场作为一定的补充，但基本口粮必须保证在自己的土地上，试想，一旦突发变化，哪怕基本口粮缺少 1%，就是 1248 万人（1998 年我国人口 12.48 亿）的基本口粮供应问题，引发的就是巨大的社会问题。

研究发现，粮食自给需求量，取决于人口总数、人均主食需求量、耕地面积、耕地生产力（单位面积粮食产出能力）等方面，其中人均主食量、耕地生产力与科技水平密切相关，也就是说，在总人口不变的情况下，口粮总需求量与人均主食量成正比，与耕地生产力成反比。在旧中国单一农耕社会条件下，由于技术尚未达到一定水平，人口总量的增长及粮食供给能力的提升，完全依赖于耕地面积，而科技进步反而加快了土地退化的速度，对生态起反作用。但和谐理念发展的新中国，科技进步是全方位的，一方面，工业制造业水平带动副食生产水平和能力提高，减少了人均主粮的需求；另一方面，科技进步推动生产力水平提高，提高了单位耕地的产出率，一旦科技进步超过某个临界点后（注：指耕地生产力水平提升与粮食需求净增长率水平持平），土地需求的总面积可以随着耕地生产力水平进一步提升而降低，这就为耕地的休养生息奠定了基础。

研究发现一个有趣的巧合，我国基本耕地实际需求量在 1998—2000 年到达顶峰，2000 年后呈下降趋势，这与 1999 年开始前一轮退耕还林还草在时间上高度契合。可见，1998 年后退耕还林政策的实施是有粮食安全做支撑的，内在原因是科技进步、生产力水平提高与制度自觉性共振的结果，即具备了在更少些的耕地面积基础上满足我国主要粮食供应的需要，生态脆弱区和高保护价值区的耕地、部分次等耕地及 25 度以上的坡耕地具备退出用于恢复生态的条件。

（二）工程背景和实施过程

1998 年，长江、松花江、嫩江流域发生历史罕见的特大洪涝灾害后，8 月，《国务院关于保护森林资源制止毁林开垦和乱占林地的通知》指出，“各地要在清查的基础上，按照谁批谁负责、谁破坏谁恢复的原则，对毁林开垦的林地，限期全部还林。”10 月 14 日，十五届三中全会通过的《中共中央关于农业和农村工作若干重大问题的决定》指出，“禁止毁林毁草开荒和围河造田。对过度开垦、围垦的土地，要有计划有步骤地还林、还草、还湖。”10 月 20 日，中共中央、国务院《关于灾后重建、整治江湖、兴修水利的若干意见》把“封山植树、退耕还林”放在灾后重建“封山植树，退耕还林，退田还湖，平垸行洪，以工代赈，移民建镇，加固干堤，疏浚河湖”三十二字综合措施的首位，并指出，“积极推行封山植树，对过度开垦的土地，有计划有步骤地退耕还林，加快林草植被的恢复建设，是改善生态环境、防治江河水患的重大措施。”从 1998 年起，我国治水和生态建设方略进行了重大调整，并进入了国家主导开展退耕还林的新阶段。第一轮退耕还林大致可以分为试点、大规模推进、结构性调整、巩固成果四个阶段。

1. 试点阶段（1999—2001 年）

1999 年 6 月，江泽民指出：“由于千百年来多少次战乱、多少次自然灾害和各种人为的原因，西部地区自然环境不断恶化，特别是水资源短缺，水土流失严重，生态环境越来越恶劣，荒漠化年复一年地加剧，并不断向东推进。这不仅对西部地区，而且对其他地区的经济社会发展也带来不利影响。改善生态环境，是西部地区开发建设必须首先研究和解决的一个重大课题。如果不从现在起，努力使生态环境有一个明显的改善，在西部地区实现可持续发展的战略就会落空。”随后，朱镕基先后视察了西南、西北六省。8 月 5—9 日，朱镕基在陕西省考察治理水土流失、改善生态环境和黄河防汛工作，当他站在延安一个叫作燕沟的山峁上，看着眼前黄土地上经过治理长出来的碧草绿树时，提出了“退耕还林（草）、封山绿化、个体承包、以粮代赈”的政策措施，并要求延安在退耕还林工作上先走一步，为全国作出榜样。当年，四川、陕西、甘肃三省率先启动了退耕还林试点。

2000 年，中央 2 号文件和国务院西部地区开发会议将退耕还林列入西部大开发的重要内容，在全国 17 个省（自治区、直辖市）正式开展了退耕还林试点。9 月 10 日，国务院下发了《关于进一步做好退耕还林还草试点工作的若干意见》。10 月 11 日，党的十五届五中全会通过的《中共中央关于制定国民经济和社会发展第十个五年计划的建议》中指出，“加强生态建设和环境保护，有计划分步骤地抓好退耕还林还草等生态建设工程，改善西部地区生产条件和生态环境。”2001 年 3 月，退耕还林工程被正式列入经九届全国人大四次会议通过的《国民经济和社会发展第十个五年计划纲要》。经国务院批准，2001 年退耕还林试点又增加了湖南洞庭湖流域、江西鄱阳湖流域、湖北丹江口库区、广西红水河梯级电站库区、陕西延安、新疆和田、辽宁西部风沙区等水土流失、风沙危害严重的部分地区。

1999—2001 年，退耕还林还草试点工作在北京、河北、山西、内蒙古、辽宁、吉林、黑龙江、江西、河南、湖北、湖南、广西、重庆、四川、贵州、云南、陕西、甘肃、青海、宁夏、新疆 21 个省（自治区、直辖市）和新疆生产建设兵团展开。三年试点任务共 230.34 万公顷，其中退耕地还林还草 120.61 万公顷、宜林荒山荒地造林 109.73 万公顷。国家共投资 76.8 亿元，其中，补助粮食 356.7 万吨，折合资金 49.9 亿元；补助生活费 6 亿元；种苗费补助、种苗基础设施建设和科技支撑与前期工作费 20.9 亿元。试点共涉及 400 多个县、5700 个乡镇、2.7 万个村，410 万农户、1600 万农民受益。试点期间，造林成活率达到国家规定标准，粮款补助全部兑现到户。

2. 大规模推进阶段（2002—2003 年）

根据 2001 年年底召开的国务院西部地区开发领导小组第二次全体会议、中央经济工作会议和中央农村工作会议等精神，2002 年 1 月 10 日召开了全国退耕还林电视电话会议，标志着退耕还林工程全面启动。2002 年，分三批安排 25 个省（自治区、直辖市）和新疆生产建设兵团退耕还林还草任务 572.87 万公顷，其中，退耕地还林 264.67 万公顷、宜林荒山荒地造林 308.2 万公顷。2003 年，国家安排退耕还林任务共 713.33 万公顷，其中退耕地还林 336.67 万公顷、荒山荒地造林 376.67 万公顷。

为把退耕还林工作扎实、稳妥、健康地向前推进，针对试点期间出现的一些需要研究和解决的问题，2002 年 4 月 11 日，国务院下发了《关于进一步完善退耕还林政策措施的若干意见》。为了规范退耕还林活动，保护退耕还林者的合法权益，12 月 14 日，国务院令第 367 号颁布了《退耕还林条例》，于 2003 年 1 月 20 日起施行，标志着退耕还林工作走上了依法管理的轨道。

3. 结构性调整阶段（2004—2006 年）

从 2004 年开始，国家根据宏观经济形势和全国粮食供求关系的变化，对退耕还林年度任务进行了结构性、适应性调整。2004 年，全国安排退耕还林 66.67 万公顷、荒山荒地造林 333.33 万公顷。2005 年，全国安排退耕还林任务 111.14 万公顷，重点解决各地 2004 年超计划退耕还林的问题。2006 年，全国又安排退耕还林 26.67 万公顷、荒山荒地造林 106.67 万公顷。2004 年 4 月 13 日，国务院办公厅下发了《关于完善退耕还林粮食补助办法的通知》，2005 年 4 月 17 日下发了《关于切实搞好“五个结合”进一步巩固退耕还林成果的通知》。

4. 巩固成果阶段（2007—2016 年）

2006 年 4 月 18 日，温家宝主持召开国务院西部地区开发领导小组第四次全体会议时强调，要按照巩固成果、稳步推进的要求，进一步做好退耕还林工作。会议责成国家发展改革委牵头，会同国务院西部开发办、财政部、国家林业局等有关部门和单位，在深入调查、摸清情况的基础上，进一步统筹研究“十一五”退耕还林工作的政策措施，形成正式意见报国务院。

根据国务院领导同志的批示和有关会议精神，国家发展改革委会同财政部、国家林业局等 16 个部门和单位，组织各地开展调查摸底，并深入实地进行了广泛调研，进一步摸清了底数，厘清了问题，对退耕还林工程建设的总体形势做出了客观的分析评价，向国务院上报了《关于完善退耕还林政策的请示》。2007 年 8 月 9 日，国务院下发了《关于完善退耕还林政策的通知》，明确了两项目标任务：一是确保退耕还林成果切实得到巩固，二是确保退耕农户长远生计得到有效解决；确定了继续对退耕农户直接补助和建立巩固退耕还林成果专项资金两项政策内容；并提出为确保“十一五”期间耕地不少于 1.2 亿公顷，原定“十一五”期间退耕还林 133.33 万公顷的规模，除 2006 年已安排 26.67 万公顷外，其余暂不安排，但继续安排荒山造林计划。

2008 年以来，按照《关于完善退耕还林政策的通知》的要求，各有关部门通力合作，开展了一系列联合行动。审核批复了各地编制的巩固退耕还林成果专项规划并逐年审核；下达了 2008—2015 年 8 个年度的巩固成果专项建设任务和专项资金 958.6 亿元；建立了由 10 个部门组成的巩固退耕还林成果部际联席会议制度；出台了《巩固退耕还林成果专项规划建设项目管理办法》《巩固退耕还林成果专项资金使用和管理办法》和《退耕还林财政资金预算管理办法》。2010 年和 2011 年连续两年对工程省（自治区）巩固成果专项规划建设项目进展情况进行了联合检查，并针对检查所发现的问题指导各地对巩固成果专项规划进行了适当调整。

2012 年 9 月 19 日，国务院召开第 217 次常务会议，听取《关于巩固退耕还林成果工作情况的汇报》。会议指出，巩固退耕还林成果工作仍处于关键阶段，要突出工作重点，继续实施好巩固退耕还林成果专项规划，加快项目建设进度。一要着力解决退耕农户长远生计问题。实施巩固成果建设项目要以困难地区和困难退耕户为重点。二要强化项目和资金管理。有关地区省级人民政府要全面履行职责，加强项目管理和监督检查，确保工程建设质量和专项资金运行安全。三要加强建设成果后期管护。做好林木抚育、补植补造、森林防火等工作，提高退耕还林成活率和保存率。引导农户树立主体意识，切实搞好沼气等建设成果日常维护。四要加强效益监测，开展巩固成果成效评估。会议决定，自 2013 年起，适当提高巩固退耕还林成果部分项目的补助标准，并根据第二次全国土地调查结果，适当安排"十二五"时期重点生态脆弱区退耕还林任务。

根据国家统计局对全国 24 个省（自治区）2.95 万户退耕农户的监测调查，2011 年、2012 年全国退耕还林保存率分别为 98.9%、98.4%。据国家林业局对 1999—2006 年退耕还林的阶段验收，国家计划面积保存率达 99.88%，退耕还林成果得到较好巩固。

（三）伟大成就

2016 年，国家发展改革委牵头组织开展了前一轮退耕还林工程的后评估工作。评估提出了明确的目标和任务，收集分析了大量官方统计和调查数据，梳理大量相关文献资料，并赴重点省（自治区）进行深入调研，采用定量分析与定性分析相结合的方法，对我国乃至世界上有史以来最大的生态修复工程——退耕还林还草工程，实施十多年来的预期目标，取得的生态、经济、社会效益，进行了综合性的评价。该工程涉及的广度和深度，是践行"绿水青山就是金山银山"理念最有说服力的实践案例。

1. 评估结果

退耕还林工程建设目标：工程实际完成退耕还林面积 2982 万公顷，完成规划任务的 93.2%；新增林草植被 2672 万公顷，工程区林草覆盖率增加 3.8 个百分点。退耕还林工程造林后管护基本做到了规范要求，抽查的保存面积 444.15 万公顷中，有管护措施的面积 434.23 万公顷，管护率为 97.8%。除个别省管护率为 94.7% 外，其余 25 个省管护率均在 95%~100%。各地档案建立和管理情况整体较好，均建立了较为完善的档案管理制度，建档率为 99.9%。退耕还林地基本核发了林权证，林权证发放率为 90.7%。工程超额完成了实

山西省关帝山国有林区油松、落叶松、杨树混交林（刘俊 摄）

施阶段国家下达的任务，总体上基本达到了预期目标。工程质量、造林后管护、档案管理基本实现了预期目标，退耕还林地林权证下发基本落实。但是，由于工程范围大、涉及面广，加上农户各种利益的诉求和纠缠，以及不同政府部门政策协调和执行力度的不同带来的羁绊，致使林地管护、林权证的落实都多少存在一些问题，凸显跨区域、跨部门的大型工程顶层设计、规划先行的重要性。

工程技术效果：保存率合格。在核查的 2258 个工程县中，有 1065 个县

面积保存率达到 100%；有 1154 个县面积保存率在 95%~100%；有 31 个县面积保存率在 90%~95%；有 8 个县面积保存率低于 90%。成林率合格。在核查的 2258 个工程县中，绝大部分均符合要求，仅有 45 个县成林率为 0。大部分退耕还林地区注意从规划设计、种苗培育、整地栽植等各个环节入手，制订退耕还林技术方案，建立科技支撑体系，特别是加强现有成熟、实用科技成果的组装配套和推广应用。根据不同的自然、社会、经济条件和当地的种植习惯，积极探索总结出了多种退耕还林技术模式，如林草套种、林药间种、林茶结合等多树种、草种混交模式，互利共生，实现了以短养长、长短结合，取得了较好的生态效益和经济效益。原国家林业局领导还专门联系了 12 个退耕还林科技示范县，各地也建立了一批退耕还林示范点，集中推广先进适用技术和成熟模式，充分发挥科技在退耕还林工程建设中的支撑和示范作用。同时，各地还建立了分级培训制度，通过培训提高广大基层技术人员和农民群众的营造林技术水平，保证了工程建设的质量和成效。

综合效益：站在农户的角度，前一轮退耕还林从成本费用上分析是可行的，尤其对立地质量稍好的退耕还经济林的效益更突出些。除了可量化的部分外，农户得到的实惠还有通过农村能源建设减少的日常运行成本、退耕后腾出人工外出务工获得的家庭增收、农村道路建设获得的交通便利，以及移民给山区农民带来的永久脱困等综合效益。站在整个工程和国家的角度，前一轮退耕还林从成本效益上分析不仅是合算的，而且远超过一般经济项目的收益。项目生态效益尤为显著。退耕还林工程是一个多赢工程，农户、国家均得益，尤其是国家、社会得益更大。从整个退耕还林工程分析，计算期 30 年内，工程投资成本平均 13680 元 / 公顷，土地机会成本 84420 元 / 公顷，抚育管护成本 12540 元 / 公顷，经济收益平均 51435 元 / 公顷，生态效益 109.525 万元 / 公顷，净效益 106.87 万元 / 公顷。按照社会折现率 8% 计算，30 年计算期限的净现值 69305 亿元，动态内部收益率 45%，回收期 8.15 年。从国民经济评价和国家角度分析，计算期 30 年内，工程投资成本平均 4200 元 / 公顷，土地机会成本 84420 元 / 公顷，抚育管护成本 12540 元 / 公顷，经济收益平均 51435 元 / 公顷，生态效益 109.52 万元 / 公顷，净效益 107.82 万元 / 公顷。按照社会折现率 8% 计算，30 年计算期限的净现值 70681 亿元，动态内部收益率 47%，回收期 7.94 年。

2. 项目可持续性结论

一是显著解决“三农”问题。人类农耕文明史，也是一部毁林开荒史。“开一片片荒地脱一层层皮，下一场场大雨流一回回泥，累死累活饿肚皮。”朴素的民谣，生动揭示了人类肆意开荒垦殖，陷入越垦越穷、越穷越垦的恶性循环的道理。退耕还林工程区从前大多穷山恶水，不仅人民生活困苦，而且生存环境极其恶劣。特别是山区、沙区农民广种薄收，农业产业结构单一，许多潜力发挥不出来。退耕还林工程的实施，使许多沟壑纵横的耕地长满了郁郁葱葱的林木，使许多泥沙俱下的河流变得清澈见底，人们从“穷山恶水”

的恶性循环中走出，迈上了“青山绿水”的良性循环之路。陕西延安、贵州毕节、甘肃定西、宁夏固原等生态恶劣、经济贫困的地区逐步走上了“粮下川、林上山、羊进圈”的良性发展道路。同时，通过基本农田建设、农村能源建设、生态移民、禁牧舍饲、发展后续产业等各项配套措施的落实，使工程区政府也开始有人力、财力、物力去开展通路、通水、通电、通网等基础设施建设，促进了开放式开发，工程区“生产发展、生活宽裕、乡风文明、村容整洁、管理民主”的新农村建设格局逐步形成。在内蒙古、广西、西藏、宁夏、新疆 5 个少数民族自治区，退耕还林被当地政府称为“维稳”工程。退耕还林工程在民族地区实施 800 万公顷，占全国总任务的 1/4，对于加强民族团结、维护边疆稳定发挥了极其重要的作用。很多基层干部和专家学者认为，退耕还林不仅仅是中国生态建设史上的历史性突破，也是中国文明发展史上的重要里程碑，给我国农村带来了一场广泛而又深刻的变革，对我国经济社会发展的影响十分深远。2009 年 10 月，温家宝在甘肃定西考察退耕还林情况时说：“历史上说的陇中苦瘠甲天下，指的就是定西等地。这些年，定西经济社会发展出现可喜变化，主要得益于退耕还林，得益于产业结构调整，得益于农民外出打工。”这是对退耕还林在解决“三农”问题方面的贡献的高度概括。

二是社会效益突出。包括 4 个方面，其一，开辟了农民增收新途径。退耕还林是迄今为止我国最大的惠农项目。截至 2015 年年底，退耕农户户均累计得到 8700 元的补助。尤其是西部地区、高寒地区、民族地区和贫困地区，退耕还林补助一定程度上缓解了当地农民的贫困问题，生活普遍得到改善。陕西省延安市兑现退耕还林政策补助资金 91.14 亿元，户均 32384 元，人均 7421 元，成为农民收入的重要组成部分。许多地方在退耕还林过程中，按照可持续发展的要求，探索培育了具有区域比较优势和市场前景好的生态经济型产业，为农民增收开辟了新途径。林木本身也是一种有价值的资源，管护较好的经济林年每公顷收益多数已达到 7500 元以上，生态林可以通过林下经济和生态旅游获得部分收益，且林木价值较高，进入成熟林后采伐利用的每公顷收益可达到 3 万元以上，退耕地还林多数已成为退耕农民的“绿色银行”。内蒙古自治区鄂尔多斯市积极发展退耕还林后续产业，形成了林板、林纸、林饲、林能、林景和饮品、药品、保健品一体化的林业产业格局，建成规模以上龙头企业 20 多家。2014 年全市林沙产业企业生产人造板 4 万立方米，杏仁露 2.15 万吨，沙棘饮料 0.72 万吨，沙棘酱油醋 1.6 万吨，沙棘黄酮胶囊、脂粉、果粉 4.8 万吨，生物质发电 3.23 亿度，柠条饲料 1.5 万吨，总产值达 11.1 亿元。企业用于收购原料资金 3.55 亿元，带动农牧民 8.8 万人，人均增收 2358 元，部分乡镇农牧民人均纯收入中林沙产业收入超过 50%。通过退耕还林工程的带动，云南省临沧市累计建成特色经济林 88 万公顷，发展林下产业基地 4.2 万公顷，人均经济林面积达到 0.47 公顷以上。2015 年，临沧市林业产值 145 亿元，农民人均林业收入达 3000 元，核桃、坚果、茶叶等已经成为农户增收致富的支柱产业。凤庆县安石村，把广种薄收的地块全部种上了核桃和茶叶，全村人均纯收入达 9392 元，比退耕前增加了近 10 倍。在云县爱华镇黑马塘村看到，山坡上的大片核桃林已经挂果，鸡蛋大小的核桃长势喜人，树下套种的魔芋也有 40 厘米高。“这约 0.5 公顷地以前都是种玉米，每公顷产量不过 4500 千克。退耕还林后栽了核桃树，去年光是卖核桃就有 2 万多元。”村民杨得才说，核桃树管护相对简单，平时自己还可以打零工，家里收入增加不少，一家人的生活大为改善。

其二，促进了农村产业结构调整，带动了地方经济发展。退耕还林使广大农民从长期以来“脸朝黄土背朝天”的耕作方式中解放出来从事多种经营，开始转向种植业、养殖业、加工业等多种经营和劳务输出，带动了相关产业的发展，拓宽了农民就业渠道，增加了农户收入，促进了地方经济发展。农民说，退耕还林以来，树栽得多了，地种得少了；技术学得多了，农闲时间少了；钱比过去赚得多了，生活条件比过去好多了。如甘肃退耕农户已经走上了林业经济和特色产业开发的多元化发展道路，全省种植业内部粮食、经济作物、饲养的结构比例由退耕前的 73：12：15 调整为现在的 60：15：25，很多退耕农户已经从种植结构调整中直接受益。贵州省都匀市依托退耕还林大力发展茶产业，到 2013 年全市可采茶园面积已达 4200 公顷，全市退耕还茶年产值达 6.8 亿多元，户均增收 20800 余元。宁夏依托退耕还林发展林草间作面积 19012.67 多万公顷、林药间作面积 7333 公顷、“两杏”（山杏、大扁杏）8 万公顷、柠条 43.73 万公顷，年增产值近 70 亿元。新疆依托退耕还林种植林果面积达到 16 万公顷，林果收入已成为当地农民增收的主要来源，若羌县在退耕还林政策的支持下，以发展红枣为主进行产业结构调整，全县种植红枣面积达 1.39 万公顷，年产红枣 7.2 万吨，年产值 26.4 亿元；青河县依托退耕还林发展大果沙棘 6667 公顷，引进大型加工企业，形成了“企

业 + 农户 + 基地”的新型林业产业发展模式。退耕还林退出了产量低而不稳定的陡坡耕地和严重沙化耕地，减少了农民对贫瘠土地广种薄收的依赖，解放了农村劳动力，使大量的农村富余劳动力转移到城市或其他产业，增加了收入，提高了生活水平。如重庆退耕还林转移富余劳动力 198 万人，退耕农户的种养殖业收入和外出务工收入分别由退耕前的 80%、20% 调整为现在的 40%、60%，全市 2013 年退耕农户外出务工劳务收入达 296 亿元。宁夏实施退耕还林后，每年稳定输出 27 万人次劳动力，劳务收入由退耕前的 6.3 亿元增加到 12.6 亿元。四川根据对丘陵地区的调查，大约每退 0.2 公顷坡耕地可转移 1 个劳动力，全省退耕农户中有 400 万剩余劳动力外出务工，年均劳务收入达 217 亿元，占退耕农民年人均纯收入的 43%。据宁夏回族自治区对隆德、西吉两县的抽样调查，退耕还林前平均每个劳动力每年外出务工时间为 3 个月，退耕还林后增加到每年 8 个月。据国家统计局对全国 24 个省（自治区、直辖市）29500 户退耕农户的连续监测结果显示，2012 年退耕户外出从业的劳动力占全部劳动力比重为 31.3%，比 2007 年提高 4.8 个百分点，比全国农村平均水平高 5.8 个百分点；从 2007 年到 2014 年，退耕农户人均纯收入由 2972 元增加到 7602 元，年均增长 14.36%；2014 年，人均工资性收入 3464 元，对纯收入增长贡献率达 59.1%。人均退耕地林产品收益由 6 元增加到 70 元，年均递增 42.04%。

其三，实现了林茂粮丰的良好局面。退耕还林调整了土地利用结构，改善了农业生产环境，促进了农业生产要素的转移和集中，提高了复种指数和粮食单产，内蒙古赤峰市和乌兰察布市、四川省凉山州、贵州省遵义市、陕西省延安市、甘肃省定西市和陇南市、宁夏南部山区等很多退耕还林重点地区都实现了地减粮增。遵义市在退耕还林后，着力加强基本农田建设，几年来，全市共改造中低产田 6.67 多万公顷，新增、恢复灌溉面积 3.33 多万公顷，人均有效灌溉面积超过 334 平方米。随着农业科学技术的大力推广，全市粮食产量在退耕 9.83 万公顷的情况下，仍然保持了连续增长的态势。“退耕还林后，县里统一对农田进行了改造，我家的田少了一半，但粮食产量却比以前还高呢。”遵义市正安县新州镇农民王栓民说。内蒙古自治区在退耕还林 92.2 万公顷的情况下，谷物单产由 1998 年的 3878 千克 / 公顷提高到 2010 年的 4912 千克 / 公顷，粮食产量由 1575.4 万吨增加到 2158.2 万吨，分别增长 26.7% 和 37.0%。宁夏 2010 年粮食总产量达 356.5 万吨，实现连续 7 年增产，比 2000 年粮食总产量 252.7 万吨增加了 103.8 万吨，增长 41.1%。重庆通过巩固退耕还林成果专项规划建设基本口粮田，通过灌排设施建设、土壤改良等工程和农艺措施，增强抗御干旱和洪涝灾害能力，实施退耕还林后，每年粮食总产量都稳定在 1100 万吨以上。青海通过加大基本口粮田建设，2008—2011 年，耕地粮食年均增产 450~900 千克 / 公顷。贵州 2012 年据 10 个退耕还林县的监测，10 个县共有耕地面积 66.85 万公顷，实施退耕还林以来共减少 6.69 万公顷坡耕地，但粮食总产量却由 2001 年退耕还林前的 144.76 万吨，增加到 2012 年的 193.9 万吨，人均粮食产量由 2001 年退耕前的 368 千克增加到 2012 年的 457 千克。地处科尔沁沙地南缘的辽宁省彰武县，曾是沙丘遍布的风沙之地。经过十余年退耕还林，全县 6 座万亩以上的流动、半流动沙丘得以固定。如今，通过退耕还林工程，当地农田林网纵横交织，城镇村屯绿树成荫，生态环境得到根本性改善。扬沙天气由过去的 40 天减少到了 18 天，空气相对湿度增加 10% 左右，无霜期延长 10 天左右，全县粮食产量由 2000 年的 17 万吨增加到 2015 年的 116 万吨，成为辽宁省的商品粮基地县。据国家统计局统计数据分析，1998—2003 年退耕还林工程省份粮食减幅比非退耕还林省份少 14.4 个百分点，退耕还林中西部省份比东北、中部省份减幅少 6 个百分点，25 个退耕还林工程省份减少的粮食产量仅占全国粮食总减产量的 59.7%。近年来，全国粮食持续增产，退耕还林工程区贡献巨大。与退耕还林前的 1998 年相比，2013 年工程区粮食播种面积增长 9.18%，谷物单产提高 19.0%，粮食总产量增加 34.45%，对实现全国粮食连续增产的贡献率达近 90%。同时，通过退耕还林以及调整种植业结构，大大增加了木本粮油、干鲜果品和肉蛋奶产量，有效改善了食物和营养结构。宁夏通过退耕还林还草，实现了种植业内部的结构调整，带动了草畜、林果、育苗等产业的发展。全区草原理论载畜量由 2003 年的 128.45 万羊单位提高到了 2015 年的 298.48 万羊单位，羊只饲养量由 380 万只增加到 1585 万只，畜牧业年增长速度超过 10%，呈现出生态恢复、生产发展的良好局面。

其四，农村生产生活方式得到有效调整。退耕还林从根本上改善了一些地区的生态环境和生存、生活及生产条件。而且，通过落实基本农田建设、农村能源建设、生态移民、禁牧舍饲、发展后续产业等各项配套措施，进一步改善了农村的“三生”方式，大大加快了新农村建设步伐。生态移民工程不但改善了生活环境，而且增加了致富门路。湖南省花垣县响水村 76 户 350

人移民安置到县城，经过培训实现转移就业，月工资达 1500~3500 元。据国家统计局监测，2014 年退耕农户人均居住面积为 28.1 平方米，每百户拥有家用汽车 7.8 辆、电视机 109.6 台、家用电脑 8.8 台、电冰箱 65 台、摩托车 63 辆。沼气、太阳能等农村能源建设，使薪柴消耗在退耕农户能源消耗中所占比重大幅度减少。同时，实施退耕还林工程，充分体现了党和政府改善生态面貌的决心和魄力，广大干部群众亲身感受到了生态改善给生产生活带来的好处，也极大地增强了全民生态意识。

三是生态效益最突出。体现在如下几点：

（1）大大加快了国土绿化进程。退耕还林工程造林占同期全国林业重点工程造林总面积的一半以上，相当于再造了一个东北、内蒙古国有林区，占国土面积 82% 的工程区森林覆盖率平均提高 3 个多百分点，西部地区有些市县森林覆盖率提高了十几个甚至几十个百分点，昔日荒山秃岭、满目黄沙、水土横流的面貌得到了改善。陕西省森林覆盖率由退耕还林前的 30.92% 增长到 37.26%，净增 6.34 个百分点，陕北地区森林植被向北延伸了 400 千米。陕西省吴起县从 1999—2012 年，完成退耕还林 15.8 万公顷，林草覆盖度由 1997 年的 19.2% 提高到 2012 年的 65%。

（2）减少了水土流失。退耕还林增加了地表植被覆盖度，涵养了水源，减少了土壤侵蚀，提高了工程区的防灾减灾能力。据贵州省对 10 个重点退耕还林县的连续监测，年土壤侵蚀模数由退耕前的 3325 吨 / 平方千米减少到 931 吨 / 平方千米，下降了 72%。贵州省遵义市松林镇丁台村，退耕还林前 5 口水井成了枯井，老百姓靠远距离挑水吃，2000 年退耕还林 80 公顷后，5 口水井都涌出了清泉，解决了村民的吃水难题。据四川省定位监测，通过实施退耕还林工程，10 年累计减少土壤侵蚀 3.2 亿吨、涵养水源 288 亿吨，减少土壤有机质损失量 0.36 亿吨、氮磷钾损失量 0.21 亿吨，境内长江一级支流的年输沙量大幅度下降，年均提供的生态服务价值达 134.5 亿元。湖南省湘西土家族苗族自治州，由于长期毁林开垦、刀耕火种，造成严重的水土流失，付出了沉重的生态代价。到 2010 年，湘西累计完成退耕还林工程建设任务 27.07 万公顷，其中退耕还林 13.2 万公顷，荒山荒地造林和封山育林 13.87 万公顷，全州森林覆盖率提高 15 个百分点。湖南省吉首市退耕还林效益监测点的监测结果表明，年土壤侵蚀模数由退耕前的每平方千米 3150 吨下降到 1450 吨，生态面貌发生了根本性变化。据长江水文局监测，年均进入洞庭湖

山西省太岳山国有林区绵山国有林场（刘俊 摄）

的泥沙量由 2003 年以前的 1.67 亿吨减少到现在的 0.38 亿吨，减少 77%。重庆通过退耕还林共治理水土流失面积 1.67 万平方千米，土壤侵蚀模数由实施退耕还林前的年均 5000 吨 / 平方千米降低到了目前的 3642 吨 / 平方千米，减少了 23.9%，每年减少土壤侵蚀 2765 万吨。长江水利委员会的专家认为，长江输沙量减少，退耕还林工程功不可没。陕西通过退耕还林治理水土流失面积达 9.08 万平方千米，黄土高原区年均输入黄河泥沙量由原来的 8.3 亿吨减少到 4.0 亿吨。宁夏实施退耕还林以来，年均治理水土流失面积超过 1000 平

方千米，水土流失初步治理程度接近 40%，每年减少流入黄河的泥沙 4000 多万吨。

（3）减轻了风沙危害。北方地区在退耕还林中，选择生态区位重要的风沙源头和沙漠边缘地带，采用根系发达及耐风蚀、干旱、沙压等防风固沙能力强的树种，林下配置一定的灌草植被，营造防风固沙林，取得了良好效果。退耕还林为我国沙化土地由 20 世纪末每年扩展 3436 平方千米转变为近几年每年减少 1283 平方千米的逆转发挥了重要作用，特别是京津风沙源区，通过长期实施退耕还林工程，有效减少了沙化面积、减轻了风沙危害，实现了由“沙逼人退”向“人进沙退”的历史性转变。内蒙古自治区是全国退耕还林总任务及配套荒山荒地造林任务最多的省份，工程区林草覆盖度由 15% 提高到 70% 以上，退耕地的地表径流量减少 20% 以上，泥沙量减少 24% 以上，地表结皮增加，水土流失和风蚀沙化得到遏制，扬尘和风沙天气减少，局部地区小气候形成，生态状况明显改善。鄂尔多斯市伊金霍洛旗有林地面积由退耕前的 17.8 万公顷增加到目前的 23.8 万公顷，森林覆盖率由 27.4% 提高到 38.1%，沙化状况实现了根本性转变，并进入了治理利用的新阶段。河北退耕还林工程实施以来，全省沙化土地减少 9.59 万公顷。陕西北部沙区每年沙尘暴天数由过去的 66 天下降为 24 天，延安的平均沙尘日数由 1995—1999 年的 4~8 天减少到 2005—2010 年的 2~3 天。宁夏退耕还林以后，治理沙化土地 33.33 多万公顷，全区沙化土地总面积比 1999 年减少 25.8 万公顷，实现治理速度大于沙化速度的历史性转变；地处毛乌素沙地南缘的盐池县植被覆盖度由退耕前的 5.95% 提高到了 35%。

（4）提高了工程区防灾减灾能力。退耕还林增加了大量林草植被，改变了区域小气候，一些地区自然灾害得到了明显缓解，防灾减灾能力也得到了明显增强。如湖南湘西地区在退耕还林前，干旱、缺水、河水浑黄不堪、石漠化加剧，洪涝灾害可谓“十年九灾”，干旱出现频率为 73%~92%，退耕还林后旱涝灾害出现频率降为 42%~53%，洪涝、干旱等气象及衍生灾害明显减少。贵州普定县猴场乡马儿坝水库因周边大量坡耕地实施了退耕还林，2010 年发生西南特大旱灾期间水位仍然保持了正常水平，成为周边群众的重要饮水水源。黑龙江通过实施退耕还林工程改善了农田小气候，提高了土地的蓄水保肥能力，抵御自然灾害的能力大大增强，2007 年在遭受了历史罕见旱灾的情况下，全省粮食总产量仍达到了约 4000 万吨的较好水平。

退耕还林前，陕西省延安市是全国水土流失最为严重的区域之一，干旱、洪涝、冰雹等自然灾害经常发生，尤其是十年九旱，农业基本上靠天吃饭。水土流失面积占国土总面积的 77.8%，年入黄河泥沙 2.58 亿吨，约占黄河泥沙总量的 1/6。退耕还林工程的实施，让延安实现了“由黄到绿”的历史性转变，植被覆盖度从 2000 年的 46% 提高到 2014 年的 67.7%，水土流失得到有效遏制，输沙量减少了 58.4%。2013 年 7 月，延安市发生了自 1945 年有气象记录以来过程最长、强度最大、暴雨日最多且间隔时间最短的持续强降雨，超过百年一遇标准，由于退耕还林大部分林木已成林，林下附着物一般都在20~30 毫米，对水的吸纳性非常强，大雨并没有造成大的汛情和洪涝灾害。

（5）生物多样性得到保护和恢复。退耕还林保护和改善了野生动植物栖息环境，丰富了生物多样性。工程区野生动物种类和数量不断增加，特别是一些多年不见的飞禽走兽重新出现，生物链得到修复。陕西在退耕还林工程实施后，朱鹮、大熊猫、羚牛、褐马鸡等珍稀濒危野生动物栖息地范围不断扩大，种群数量逐年增加。据有关部门调查统计，目前秦岭大熊猫种群数量已达到 273 只，朱鹮由 1981 年的 7 只增加到了 1000 多只，一些地方消失多年的狼、狐狸等重新出现，退耕还林第一县吴起县还于 2009 年建立了首个退耕还林森林公园。贵州退耕还林工程监测区植物种类由退耕前的 17 个科增加到 73 个科。湖北实施退耕还林工程后，退耕还林地的植物物种数量明显增多，随着林木的生长和郁闭度增加，退耕还林地草灌层物种组成发生变化，耐阴性植物逐渐代替喜光植物，如灌木优势种火棘、悬钩子、野蔷薇、黄荆条、马桑等已逐渐恢复。安徽省合肥市依托退耕还林建立了我国首个退耕还林生态修复的国家级森林公园（滨湖国家森林公园），2012 年 8 月以来，公园建成自然生态和历史人文两大主题游览区，城、湖、岛交相辉映，成为环巢湖旅游的“绿色明珠”，园内植物种类也从十多种增加到 281 种。

（6）碳汇效益明显。退耕还林工程的实施，增加了森林面积，扩大了对碳汇的贮存和吸收。据国内有关机构和专家研究测算，到 2020 年，将产生6.33 亿吨生物量，3.16 亿吨碳汇量，吸收大气二氧化碳 11.60 亿吨，为应对全球气候变化、解决全球生态问题作出巨大贡献。

《退耕还林工程生态效益监测国家报告（2013 年）》显示，截至 2014 年年底，长江、黄河中上游流经的 13 个省（自治区、直辖市）退耕还林工程每年涵养水源 307.31 亿立方米、固土 4.47 亿吨、保肥 1524.32 万吨、固碳3448.54 万吨、释氧 8175.71 万吨、林木积累营养物质 79.42 万吨、提供空气负离子 6.62×1025 个、吸收污染物 248.33 万吨、滞尘 3.22 亿吨（其中，吸滞 TSP 2.58 亿吨，吸滞 $PM_{2.5}$ 1288.69 万吨）、防风固沙 1.79 亿吨。北方沙化土地退耕还林工程 10 个省（自治区）和新疆生产建设兵团仅 400 万公顷的退耕还林每年涵养水源 9.16 亿立方米、固土 1.17 亿吨、固碳 339.15 万吨、防风固沙 9.19 亿吨。退耕还林抓住了我国生态建设的“牛鼻子”，对坡耕地和严重沙化耕地实施退耕和还林，对改善生态环境、维护国土生态安全发挥了无可替代的重要作用。

四是可持续性强。退耕还林工程已成为中国政府高度重视生态建设、认真履行国际公约的标志性工程，受到国际社会的一致好评，美国、欧盟、日本、澳大利亚等 30 多个国家、地区和国际组织都对我国的退耕还林工程给予了高度评价。2007 年 7 月底，美国前财政部长亨利·保尔森在甘肃、青海看了退耕还林工程后，大加赞赏。2011 年 5 月，美国斯坦福大学教授、自然资本项目负责人格蕾琴·戴利通过深入研究后认为，退耕还林是一个极大的创新项目，中国对退耕还林的大力投入现在开始“收获果实”，退耕还林解决了两个至关重要的问题：保护环境，同时引导产业转型，为农村极端贫困人口提供致富机遇。她认为，退耕还林已经在中国取得了“显而易见的胜利”，其他国家应重视并学习中国的经验，将中国当成一面镜子。日本早稻田大学十分重视对中国退耕还林工程建设的研究，其研究报告指出，中国的退耕还林工程实现了三大效益共赢，值得亚洲各国效仿。日本《经济学人》周刊刊载文章《退耕还林——中国规模庞大的试验》，称退耕还林是中国社会能否持续发展的关键。英国《新科学家》周刊网站发表题为《中国领导绿色经济征程》的报道说，从 1999 年开始，中国政府已在“生态补偿”计划中投入了 1000 多亿美元，绝大多数集中在森林和水资源管理方面。退耕还林工程让世界看到了中国负责任的重大的行动，让世界听到了中国铿锵有力的声音。

从前面解决“三农”问题，提高社会效益、生态效益的分析，可以说明该工程对我国社会经济和美丽中国建设所展示的可持续发展潜力。

总之，退耕还林工程作为我国一项重大生态修复工程，主要在中西部地区实施，这些地区生态环境十分脆弱，工程建设本着生态优先的原则，通过十多年的建设，扭转与遏制了工程区生态恶化的趋势，多数地方生态状况明显好转，由“总体恶化、局部好转”向“总体好转、局部良性发展”转变，一些地方“山更绿、水更清、天更蓝、空气更清新”正在变为现实，为建设生态文明和美丽中国、增加森林碳汇、应对全球气候变化作出了重大贡献。

退耕还林工程全面实施后，可以有效地控制工程治理地区的水土流失和风沙危害，带来巨大的生态、经济和社会效益。生态效益方面，新增林草面积 2667 万公顷，工程区林草覆盖率平均增加 3.8 个百分点。根据测算，2020 年，一期退耕还林工程每年可带来生态效益 1.6 万亿元，其中涵养水源和保肥固土效益 2270 亿元，防风固沙效益 7431 亿元。经济效益方面，工程完成经济林约 187 万公顷，2020 年保守估计年产生经济效益 230 多亿元，加上生态林的林下经济和生态旅游，2020 年后每年产生的直接经济效益可达 740 亿元左右。社会效益方面，可以有效治理长江、黄河水患，大大减轻长江、黄河中下游地区水灾造成的损失，保障下游地区粮食稳产高产；还可以有效遏制“三北”地区的土地沙化进程，减轻北京、天津等华北地区乃至华东、华中地区的风沙危害。为中西部地区大量吸引人才、投资，发展旅游业创造良好的环境条件；拓宽就业门路，为当地提供近 4000 万个劳动就业机会；推进农村产业结构调整，优化农村生产要素配置，提高集约化经营水平，促进各业生产健康有序发展；加快中西部地区农民脱贫致富的步伐，促进少数民族地区经济发展和各民族团结，保持社会的繁荣和稳定。

退耕还林工程的实施，改变了农民祖祖辈辈垦荒种粮的传统耕作习惯，实现了由毁林开垦向退耕还林的历史性转变，有效地改善了生态状况，促进了“三农”问题的解决，并增加了森林碳汇，取得了十分显著的生态效益、经济效益和社会效益。

退耕还林工程很好地实现了中央提出的要求与调整农村产业结构、发展农村经济、加强农村能源建设、实施生态移民相结合，实现防治水土流失、保护和建设基本农田、提高粮食单产及工程治理地区的生态效益、社会效益及经济效益协同发展的目标。

从实现工程预期发展目标和可持续性方面看，基本实现规划提出的“工程治理地区的生态环境得到较大改善，为实现社会主义现代化建设第三步战略目标提供生态保障”的预期目标。

第四节　绿色发展实现绿色资源价值变现

党的十八大以来，在以习近平同志为核心的党中央治国理政新理念新思想新战略的引领下，我国产业贯彻落实创新、协调、绿色、开放、共享的新发展理念，新产业新动能不断涌现，创新创业活力强劲，带动产业结构、质量和效益不断改善和提升，产业持续向“双中高”迈进，呈现出新气象、新路径和新特征。创新理念深入人心，产业创新发展成效显著。党中央提出创新驱动发展战略，研究制定《国家创新驱动发展战略纲要》，完成创新驱动发展的顶层设计，提出“三步走”战略任务和目标，绘就了创新发展宏伟蓝图。在创新驱动发展战略指引下，我国产业发展呈现新的特征。一是企业主体活力迸发，创新动力强劲。商事制度和“放管服”改革持续深化，大众创业、万众创新向纵深推进，科技人员、离职创业者、大学生、留学归国人员、农民工等各类创业群体活力激发，集众智汇众力的乘数效应不断显现。日均新登记企业 1.6 万户，较 2012 年增长 121%。二是重大技术快速突破，一批具有标志性意义的重大成果涌现。2016 年发明专利申请量超过 133 万件，较 2012 年增长 105%，连续 6 年位居世界第一。科技进步贡献率从 51% 提高到 56% 以上。载人航天、探月工程、量子通信、射电望远镜（FAST）、载人深潜、超级计算机实现重大突破，“上可九天揽月，下可五洋探秘”成为现实。三是新产业新业态新模式层出不穷，新旧动能加快转换。以数字经济、网络经济、平台经济、分享经济、协同经济等为代表的新经济快速发展，线上线下融合、跨境电商、智慧家庭等新业态方兴未艾。创新驱动发展与“互联网 +”“中国制造 2025”等战略融合程度加深，传统产业改造升级加快，数字化、智能化水平稳步提升。四是创新能力稳步攀升，创新美誉度大幅提升。2017 年我国全球创新指数排名攀升至第 22 位，比 2012 年提高 12 位，稳居中等收入经济体前列。世界银行等海外组织和企业对中国经济结构调整和创新成效给予高度评价，认为创新驱动的中国正在成为全球进步的新动力源。高铁、移动支付、共享单车和网购被称为“新四大发明”，成为闪亮的“中国名片”。

一、生态文明理念引领绿色融合发展

（一）通过转变发展理念建立起新的发展范式

习近平总书记指出：“生态文明是人类社会进步的重大成果。人类经历了原始文明、农业文明、工业文明，生态文明是工业文明发展到一定阶段的产物，是实现人与自然和谐发展的新要求。”

从传统工业文明到生态文明是工业革命以来划时代的变革。工业文明创造了巨大的物质财富，但也带来了生物多样性退化和环境破坏的生态危机。发展的目的是满足人民全方位的需求，以增进人民福祉，而经济增长只是提高福祉的手段和途径。当物质财富增加到一定程度后，发展的内容就应该超越物质财富需求，转向满足人们全方位的需求，即“人民日益增长的美好生活需要”。习近平总书记从生态文明视角重新定义发展，是以更宏大的视角、更长远的眼光思考问题。

目前，中国正面临着绿色发展的历史机遇。第一，随着收入水平的提高和国家实力的大幅增强，人们的消费偏好也发生了变化，绿色市场迅速扩大。国家也有更强的实力推动绿色发展，并解决绿色转型中出现的种种问题。与此同时，在传统增长动能接近释放后，中国需要寻找新动能和增长来源，以稳定实现现代化目标。第二，人类社会正从工业时代步入数字时代，大量绿色技术正获得突破性进展。从农业社会到工业社会，诞生了工业文明，数字时代的到来同样是人类历史划时代的变化，为经济发展带来大量新机遇。第三，在经历了传统工业时代“高资源消耗、高环境损耗、高碳排放”带来的种种环境危机后，人们的发展理念正发生根本性变化。建立在工业文明基础之上的传统发展概念和模式，正被生态文明概念、模式取代，绿色发展日渐成为主流的发展观。

从现在到 2035 年，是中国加快推进绿色转型的时间窗口。如果利用这个时间窗口加快绿色转型，则中国可以利用后发优势，在很多方面取得跨越式发展。如果不加快转型，一旦中国经济锁定在一个非绿色状态，再转型就会成本高昂。

据不完全统计，现在大概有 130 多个国家以各种形式承诺了碳中和。反观 2009 年的哥本哈根全球气候大会，大多数国家都把减排视作发展的负担，难以形成共识，因为许多国家的发展是建立在高碳排放的基础上的，减碳就相当于让渡自己的发展权。短短十余年过去，形势发生了翻天覆地的变化。

全球范围的碳中和共识与行动，标志着一个新的绿色发展时代的开启。绿色转型不只是技术和效率，更是发展范式转变。生态视角下的发展方式转化，从发展的内容到方式都会发生变化。比如传统的工业化是以物质财富消费为中心的，而在这种增长模式下，出现了消费主义、过度消费，就像一个人拼命吃东西再拼命减肥一样，形成恶性循环，这种发展本末倒置，而我们需要回到发展的初心。

中国社会科学院生态文明研究所所长张永生认为，生态文明的实质，就是要通过转变发展理念和建立相应的约束条件，建立起新的发展范式。绿色转型要实现在发展理念、资源概念、生产和消费内容、商业模式、政策等方面的根本转变。

（二）以新的发展方式实现人与自然和谐共生的现代化

生态文明理念和新发展理念在中国产生，有其历史的必然。第一，生态文明理念在中国有深厚的哲学和文化基础。中华民族自古就对大自然充满敬畏，有着“天人合一”的哲学思想。这种传统，从目的和手段上均不同于传统工业化征服自然的逻辑。在探索现代化的过程中经历了各种曲折后，越来越多的人开始反思发展的目的，并越来越发现中国传统哲学和文化的巨大价值。第二，中国自身发展历程的独特性孕育了新发展理念。在世界历史上，从来没有任何一个国家像中国一样，在过去四十多年来保持如此长期的高速增长。中国在一代人之间，经历了从贫困到现代化建设的变化过程。与此同时，对传统发展模式带来的生态环境、社会问题等不可持续的弊端，也有切身体会。这种独特性，使中国在一代人的记忆里，就能切身地感受到工业革命后建立的传统工业化模式的好处，又对其弊端有深刻的了解。在此基础上产生的新发展理念，就有着深厚的现实根基，对人类社会现代化进程尤其有价值。

党的十八大以来，生态文明被写入《宪法》《中国共产党章程》，并成为“五位一体”总体布局的重要内容。习近平生态文明思想，正是中国共产党领导中国人民艰辛探索“人与自然和谐共生现代化”的产物。我们的发展理念和战略思路发生了根本性变化。

一些人认为，发达国家的今天，就是中国现代化的明天。但是，中国的现代化不是西方现代化的简单翻版，而是人与自然和谐共生的现代化。这对发达国家和中国来说，都是新事物，因为现在的发达国家，也没有实现人与自然和谐共生的现代化。这也意味着，中国在进入新发展阶段后，将以新的发展方式实现现代化。

对中国而言，这是一个重大的历史机遇。中国在新能源、5G、特高压等体现绿色经济的领域具有很强的国际竞争力，中国人工林面积居世界第一，绿色生态产品增长空间和总量空间巨大，加上政府和理念优势、法律和制度保证、可行的线路图和不断积累的绿色技术，一旦实现转化，绿色产业发展空间不可想象。如果说工业革命是西方国家为世界作出的重大贡献，那么现在全球兴起的绿色发展，就有可能给中国提供一个为全球作出新的重大贡献的机会。

绿色转型的关键是要建立起新的商业模式，让可持续发展成为商业上可行的盈利行为。在“双碳”目标引发的系统性变革中，很多传统产业要么推倒重来，要么通过技术改造和产业升级实现工艺清洁和产品绿色。这既是挑战，也是机遇。

商业模式的转型，可以从以下几方面来理解。一是企业创造价值的方向发生改变。传统工业时代的发展模式是以物质产品的生产和消费为中心，这种模式依赖大量的物质资源投入，不可避免地带来生态环境资源等的消耗，一旦超过环境空间承载能力，就会引发危机。绿色发展则意味着，企业生产的原料来自绿色途径、生产工艺实现清洁化、原材料吃干榨尽、产品符合绿色认证，同时，产品的功能价值和使用价值复合化，融合服务、知识、体验、个性、文化、环境等多要素无形价值。二是实现价值的方式发生改变。当企业创造的价值内容或产品发生改变时，对应的资源概念也就发生改变，而这种资源由于其技术性质不同，就需要用新的组织形式去实现价值。如以木质纤维为原料的造纸、人造板等工业，从造林和森林培育经营开始，就要按照和谐理念、生态方式植入全过程，形成绿色产业链。三是市场结构发生改变。传统工业时代的特征，是以流水线的方式生产同质化产品，在非人格化的市场中售卖。只要产品卖得出去，卖者与买者互不关心对方是何人。随着新技术革命和新工业革命时代到来，以及创造价值的方向发生改变，企业可能会在一个更加人格化的市场中创造和实现价值，一方面通过信息化和物联网实现个性化生产、个性化订制、体验式服务，另一方面在生产线内部实现零污染物排放、资源综合利用和循环经济方式。

（三）培育绿色价值观实现向绿色位汇聚的增量

建设生态文明、实现绿色发展，最大的挑战不在于生产技术，而是生活方式、发展观念的转变。人们对于现代化的理解，以及在此基础上形成的发展内容、商业模式、利益格局、体制机制，都要发生巨大变化。绿色低碳不仅仅是资源循环利用，更重要的是使用减量化、低碳化，这就关系到生活方式的改变。只有在生活方式、生活习惯、价值体系上都发生大的系统性转变，才是真正的改变。

通过建立绿色发展的机制，引导社会价值观、思维方式和行为方式向绿色位转变和集中，把绿色行为变为自发性态势，就会有越来越多的人相信绿

北京延庆野鸭湖湿地自然保护区（王健奇 摄）

色发展，绿色市场就会不断扩大，资源就会越来越多地向这个方向汇聚。中国在这方面有其突出优势，中央将绿色发展作为国家战略，这一决策具有前瞻性、长期性和政策的一致性，并且具有让绿色发展机遇变成现实的较强的政府协调能力和执行能力。中国社会科学院生态文明研究所课题组的一项调查显示，人们对环境与发展之间关系的认知和选择正发生深刻变化。在认知

方面，55% 的受调查人员认为，环境和发展可以做到相互促进，保护环境会带来新的机遇；只有 10% 的人认为经济发展必须要以牺牲环境为代价。在选择方面，只有不到 4% 的人愿意选择以环境明显恶化为代价，得到收入的明显提高。人们的消费行为、就业观念，也在发生深刻改变，例如在品质相同的产品中，90% 的人会选择环境友好企业的产品。

二、林业生态和产业融合发展催生新业态

按照生态文明理念重构的现代林业完全颠覆了传统林业和产业的发展逻辑，认为生态和产业是互相融合的一个整体，产业是生态等绿色资源价值的实现途径，“绿水青山就是金山银山”诠释的就是这个理念，生态的服务功能是有价值的，新鲜的空气、负氧离子、森林芬多精、清洁的水、优美的大自然风景等本身就是资源产品；林下经济既是生态的构成要素，又是第一产业和绿色资源提供基地；森林和生态环境给人以愉悦感，是康养资源，是有价值的产品；森林经营采伐的林木是人造板、纸浆等原料；森林药材、林果及林菜等，都是珍贵的绿色资源，可见，现代林业是一、二、三产业的融合体，也是“生态、生产、生活”的融合体，生态产业化、产业生态化是现代林业的突出特点，和传统林业的生态与产业分离成二元体结构是完全不一样的发展逻辑。

按照习近平生态文明思想发展的现代林业，已呈现出勃勃发展生机。“十三五”期间，林业产业始终保持良好发展态势，形成了经济林、木竹材加工、生态旅游 3 个年产值超过万亿元的支柱产业，林下经济面积近 4000 万公顷。2020 年，全国林业产业总产值达 7.55 万亿元，林产品进出口贸易额达 1600 亿美元，带动 3400 多万人就业。各地依托林草资源优势推进生态补偿扶贫、国土绿化扶贫、生态产业和林业科技扶贫，在一个战场同时打好脱贫攻坚和生态保护两场战役，如期完成生态扶贫目标任务，助力 2000 多万贫困人口脱贫增收，对口帮扶的滇桂黔片区和 4 个定点县全部如期脱贫。从建档立卡贫困人口中选聘 110.2 万名生态护林员，带动 300 多万贫困人口脱贫增收，新增林草资源管护面积近 6000 万公顷。

（一）木本粮油经济林产业

经济林是森林资源的重要组成部分，是集生态效益、经济效益、社会效益于一身，融一、二、三产业为一体的生态富民产业，是生态林业与民生林业的最佳结合。我国经济林树种资源丰富、产品种类多、产业链条长、应用范围广，发展经济林产业有利于发挥国土资源综合效能，促进林业“双增”目标早日实现。其主要产品包括木本油料、干鲜果品、森林药材，以及以林产饮料、调（味）料、工业原料和其他森林食品等为主要目的的林木，分为木本油料（核桃、油橄榄等）、干果（枣、板栗等）、水果（苹果、梨等）、森

林药材（枸杞、人参等）、林产饮料（茶叶、咖啡等）、林产调料（花椒、八角等）、林产工业原料（生漆、松脂等）、其他森林食品（竹笋、食用菌等）共八大类。

我国山区和林区面积占国土面积的69%，人口占全国的56%，全面实现乡村振兴，关键在山区和相对偏僻落后的农村地区。由于资源和地理条件因素，经济林产业是发展山区经济的优势产业。同时，经济林产业涵盖范围广、产业链条长、产品种类多，能吸收大量的劳动力，是山区就业和农民增收的有效途径。经济林在集体林中占有较大比重，通过在集体林中大力发展以木本粮油、干鲜果品、木本药材和香辛料为主的特色经济林，有利于挖掘林地资源潜力，为城乡居民提供更为丰富的木本粮油和特色食品；有利于调整农村产业结构，促进农民就业增收和地方经济社会全面发展。同时，对坚持生态保护、改善人居环境、推动绿色增长、维护国家生态和粮油安全，都具有十分重要的意义。研究表明，经济林具备生态和林业绿色资源价值实现天然途径，在美丽中国建设事业中备受关注。从《三峡库区坡耕地经济林复合模式生态特征研究》到《福建省毛竹林生态与经济价值评价》，再到《中国经济林生态系统服务价值评估》，各类科研成果揭示了经济林不容忽视的生态价值。中国林业科学研究院的研究显示，经济林涵养水源的价值最大，占生态系统服务总价值的58.59%。此外，固碳制氧、生物多样性保护、保育土壤、净化环境和营养积累的价值分别占16.29%、15.59%、5.54%、4.01%和1.98%。在实现其良好生态功能的同时，也带来巨大的经济价值，据统计，全国经济林总面积已发展至3893万公顷，产品产量达1.58亿吨，经济林种植与采集业实现产值突破1万亿元，占林业第一产业产值的一半以上。在近千个特色经济林重点县，经济林收入占当地农民人均纯收入的20%以上，成为农村特别是山区农民收入的重要来源。

党中央、国务院对经济林培育与产业发展高度重视，《中共中央 国务院关于加快林业发展的决定》以及中央林业工作会议都明确提出要突出发展名特优新经济林，特别要着力发展板栗、核桃、油茶等木本粮油。国家林业局相继出台一系列扶持政策，将木本粮油等特色经济林纳入“十二五”时期林业发展十大主导产业。2015年中央1号文件明确提出，要通过重大生态修复工程营造林，积极发展特色经济林。《中共中央 国务院关于加快推进生态文明建设的意见》指出，要发展特色经济林等林业产业，在我国生态文明建设的伟大进程中为特色经济林搭建了新舞台，拓展了新空间。《国务院办公厅关于加快木本油料产业发展的意见》指出木本油料等特色经济林产业是我国的传统产业，也是提供健康优质食用植物油的重要来源，强调木本油料等特色经济林在维护国家粮油安全战略中的特殊地位，提出制定油茶、核桃、油橄榄、杜仲、油用牡丹、长柄扁桃等木本油料经济林分树种产业发展规划，要求把发展特色经济林与新一轮退耕还林还草、“三北”防护林建设、京津风沙源治理等重大生态修复工程，以及地方林业重点工程紧密结合，因地制宜扩大面积。这是我国从中央政府层面第一次全面系统部署木本油料等特色经济林产业发展事宜，凸显了经济林在维护国家粮油安全、促进生态文明建设中的重要地位和特殊作用。国务院批准实施的《新一轮退耕还林还草总体方案》，取消了栽种生态林与经济林的比例限制。中共中央、国务院印发的《国有林区改革指导意见》提出，要大力发展特色经济林等绿色低碳产业，以增加就业岗位，提高林区职工群众收入。

各地把发展经济林作为活跃农村经济的特色产业、调整种植业结构的主导产业、推进乡村振兴的支柱产业、大众创业的新兴产业来抓，经济林产业发展步伐不断加快，国家、省、市、县 4 级协同推动的良好发展局面初步形成，经济林发展步伐不断加快。在《全国优势特色经济林发展布局规划（2013—2020 年）》《国家林业局关于加快特色经济林产业发展的意见》的推动下，截至 2020 年，我国已基本形成布局合理、特色鲜明、功能齐全、效益良好的特色经济林产业发展格局，实现特色经济林资源总量稳步增长，产品供给持续增加，质量水平大幅提高，木本粮油产业发展取得突破，经济林产业综合实力明显提升，富民增收效果显著增强的发展目标。同时，还重点发展了一些具有广阔市场前景、对农民增收带动作用明显的特色经济林，形成一批特色突出、竞争力强、国内知名的主产区，培育一批特色经济林为当地林业支柱产业，建成了产业集中度较高的重点县，并建成一批优质、高产、高效、生态、安全的特色经济林示范基地。已拥有经济林 4100 万公顷，总产量达 1.76 亿吨，木本油料占国内油料产量比重提高到 10% 左右；良种使用率超过 90%，优质产品率超过 80%；重点县农民来自经济林收入大幅增加，累计提供就业机会 40 亿个工日。“十三五”期间每年营造经济林比重达到全国人工造林的 40% 以上，比“十二五”期间年均增长至少 10 个百分点。

发展经济林的另一项重要使命是确保粮油安全。据国家粮食局信息中心测算，目前，我国植物油对外依存度高达65%，是全球最大进口国；粮食进口量在快速增长，对外依存度也不断增长。不仅如此，伴随着经济发展和人口增长，粮油需求逐年上升，缺口进一步加大。木本粮油正在成为一股新的力量，担负起保障国家粮油安全的使命。以油茶、核桃、油橄榄、板栗、枣和仁用杏等为代表的木本粮油正呈现快速发展的新趋势。

油茶是发展最快的一个树种，是我国特有的木本油料树种。我国油茶主产区分布较广，包括湖南、江西、广西、浙江、福建、广东、湖北、贵州、安徽、云南、重庆、河南、四川和陕西14个省（自治区、直辖市）的642个县（市、区）。其中，茶油产量所占份额最高的是湖南，占比接近48%；其次是江西、广西，产量占比分别为23.76%、10.68%；前三大省份合计比重超过八成，区域集中度较高。2008年以来，国家加大对油茶产业的政策扶持和资金投入力度，出台了唯一针对单一树种而制定的专项规划——《全国油茶产业发展规划（2009—2020年）》，财政部通过油茶产业发展专项资金、中央财政将油茶低产低效林改造纳入支持范围，国家林业和草原局发布了《油茶产业发展指南》，14个油茶主产省份印发了省级油茶产业发展规划，加快推进油茶低产低效林改造和管护。截至2020年年底，全国油茶种植面积达453万公顷，高产油茶林93万公顷，茶油产量62.7万吨，油茶产业总产值达1160亿元。

核桃是木本粮油树种中另一个重要树种。由于核桃适应性广，在我国分布极为广泛，全国南北有20多个省（自治区、直辖市）都有核桃种植，但核桃喜湿润温暖的环境条件，在高寒干旱地区极易发生抽条和空苞现象，在南方高温地区易发生日灼现象。因此其分布具有明显的地域性，主要分布在天山山脉、秦岭山脉、太行山脉、大别山脉、吕梁山脉、伏牛山脉、泰山山脉及江南等地，其中云南、陕西、新疆、山西、河南、甘肃、山东、河北等省份为生产大省。据统计，2020年我国核桃产量479.6万吨，表观销量427.1万吨，国内坚果炒货市场规模达1800亿元，核桃加工量52.7万吨，加工产值759.01亿元。数据显示，我国目前有超过9万家经营范围含“核桃”（统计日期截至2021年11月11日），从地域分布上看，云南省的核桃相关企业数量最多，超过3.2万家，占全国相关企业总量的34%。其次为四川、陕西和山西，3个省份均有8000多家核桃相关企业。此外，甘肃、山东和河北也均有 5000 家以上核桃相关企业。

我国传统的木本粮食树种枣、板栗，我国特有的木本粮油树种仁用杏，近些年来市场需求旺盛，资源规模也不断扩大。

以油茶、核桃、板栗、枣和仁用杏等特色经济林为代表的林产品，丰富了百姓生活的“菜篮子”，在满足百姓消费需求、优化饮食消费结构的同时，不与主要农作物生产争地，提供了更加优质的绿色产品，促进了森林资源绿色增长。充分发挥了林业的多功能作用，体现了林业在有效维护国家粮油安全中的重要作用。

（二）森林旅游产业

一是健康与旅游融合新业态已形成良好发展态势。旅游业作为国民经济战略性支柱产业的地位更为巩固。“十三五”以来，旅游业与其他产业跨界融合、协同发展，产业规模持续扩大，新业态不断涌现，旅游业对经济平稳健康发展的综合带动作用更加凸显。旅游成为小康社会人民美好生活的刚性需求。“十三五”期间，年人均出游超过 4 次。人民群众通过旅游饱览祖国秀美山河、感受灿烂文化魅力，有力提升了获得感、幸福感、安全感。旅游成为传承弘扬中华文化的重要载体。文化和旅游深度融合、相互促进，红色旅游、乡村旅游、旅游演艺、文化遗产旅游等蓬勃发展，旅游在传播中华优秀传统文化、革命文化和社会主义先进文化方面发挥了更大作用。旅游成为促进经济结构优化的重要推动力。各省、自治区、直辖市和重点旅游城市纷纷将旅游业作为主导产业、支柱产业、先导产业，放在优先发展的位置，为旅游业营造优质发展环境。

旅游成为践行“绿水青山就是金山银山”理念的重要领域。各地区在严格保护生态的前提下，科学合理推动生态产品价值实现，走出了一条生态优先、绿色发展的特色旅游道路。旅游成为打赢脱贫攻坚战和助力乡村振兴的重要生力军。各地区在推进脱贫攻坚中，普遍依托红色文化资源和绿色生态资源大力发展乡村旅游，进一步夯实了乡村振兴的基础。旅游成为加强对外交流合作和提升国家文化软实力的重要渠道。“十三五”期间，出入境旅游发展健康有序，年出入境旅游总人数突破 3 亿人次。“一带一路”旅游合作、亚洲旅游促进计划等向纵深发展，旅游在讲好中国故事、展示“美丽中国”形象、促进人文交流方面发挥着重要作用。

根据《“十四五”旅游业发展规划》，到 2025 年，旅游业发展水平不断

北京野鸭湖湿地自然保护区（王健奇 摄）

提升，现代旅游业体系更加健全，旅游有效供给、优质供给、弹性供给更为丰富，大众旅游消费需求得到更好满足。国内旅游蓬勃发展，出入境旅游有序推进，旅游业国际影响力、竞争力明显增强，旅游强国建设取得重大进展。文化和旅游深度融合，建设一批富有文化底蕴的世界级旅游景区和度假区，打造一批文化特色鲜明的国家级旅游休闲城市和街区，红色旅游、乡村旅游等加快发展。旅游创新能力显著提升，旅游无障碍环境建设和服务进一步加强，智慧旅游特征明显，产业链现代化水平明显提高，市场主体活力显著增强，旅游业在服务国家经济社会发展、满足人民文化需求、增强人民精神力量、促进社会文明程度提升等方面作用更加凸显。预计到 2035 年，旅游需求多元化、供给品质化、区域协调化、成果共享化特征更加明显，以国家文化公园、世界级旅游景区和度假区、国家级旅游休闲城市和街区、红色旅游融合发展示范区、乡村旅游重点村镇等为代表的优质旅游供给更加丰富，旅游业综合功能全面发挥，整体实力和竞争力大幅提升，基本建成世界旅游强国，为建成文化强国贡献重要力量，为基本实现社会主义现代化作出积极贡献。

从旅游到旅居再到康养旅游，是随着生态文明的建设叠加人们对生活文化需求的提高而自发形成的，充分利用森林的生态产品在旅游过程中改善身心健康成了一种社会需求和发展趋势。说明人们不仅需要住下来和静下来，提升物质层面的品质，而且需要提升精神层面的健康。如果说休闲度假是一种生活质量的诉求，那么康养无疑是生命质量提高的诉求。随着物质生活水平的提高，人们对“健康、愉快、长寿”的欲望越来越强烈，而单纯的养生已难以满足人们对高品质生活的追求，融合时下发展迅猛的休闲旅游，养生旅游迎来重大发展机遇。进入 21 世纪，中国步入老龄化社会，中国现有老龄人口已超过 2 亿，且每年以近 800 万的速度增加。到 2050 年，中国老龄人口将达到总人口的 1/3，而老龄人口更倾向于养生旅游。2016 年，我国大健康产业的规模近 3 万亿元，居全球第一位。根据《大健康十大投资热点市场规模预测》，2020 年我国大健康产业总规模超过 8 万亿元。

康养旅游作为新兴旅游产品，越来越受青睐。目前，世界上有超过 100 个国家和地区开展健康旅游,2013 年全球健康旅游产业规模约为 4386 亿美元，约占全球旅游产业总体规模的 14%。2017 年 6785 亿美元的收入，占世界旅游收入的 16%。

2014 年《国务院关于促进旅游业改革发展的若干意见》激发了休闲度假旅游的大发展，推动形成专业化的老年旅游服务品牌，并发展特色医疗、疗养康复、美容保健等康养旅游。2015 年中国旅游市场总交易规模为 41300 亿元，康养类旅游的交易规模约为 400 亿元。近年来，康养旅游的市场规模呈快速增长态势，年复合增长率达到 20% 左右，2020 年市场规模在 1000 亿元左右。

根据《2020 年中国康养产业发展报告》，我国康养产业呈现以运动、疗愈、研学和旅居康养为代表的四大业态，康养业态向气候、森林、温泉、中医药和特色农业等康养资源依附和聚集，在政策及基本面不断加持的背景下，产业发展呈井喷式爆发，康养业态发展与产业生态体系正逐步形成。

二是森林旅游空间巨大，前景喜人。森林康养主要通过森林景观的感知、森林环境的利用、森林空间的应用、森林文化的感悟和森林食材的食用 5 个途径来实现。具体来说，就是通过体验独特的森林资源，激发游客积极的心态，达到愉悦心情、修身养性、陶冶情操的活动；利用森林环境中与人类身心健康关联的环境因子，促进游客达到防病治病、康复疗养的活动；利用森林区域的空间及地形等条件，提供满足各类游客需求的运动机会，实现以运动方式促进人类健康的活动；通过森林文化内涵的挖掘和森林文化载体的适度建设，达到或提升人们对人与自然关系的认知，进而实现提升游客综合文化素养的活动；利用生态、安全、营养的林产品及其初加工食品，满足人类健康的饮食需求，最终实现改善膳食结构，促进人体健康。

森林康养产品形态还可分为保健型养生、康复型养生、运动型养生、文化型养生和饮食型养生 5 种。

保健型养生：人们沉浸在优美的森林景观中而产生的自然、放松、愉悦的身心状态，达到调节身心健康的目的。如森林景观、森林音乐、森林美容美体、森林浴、森林温泉等。

康复型养生：充分利用森林环境对相关慢性疾病的疗效，如森林中具有药理效果的空气负离子和植物精气等开展森林养生活动，以达到防病、治病和疗养的目的。如负离子保健、植物精气养生、森林养老养生、心理咨询、体检等。

运动型养生：在森林环境中，利用各种运动来增强体质、减少疾病、促进健康，以达到养生目的，如散步、慢跑、登山、劳作等。

文化型养生：利用森林文化资源，通过森林文化体验等活动提供养生服务，在森林环境中修身养性、开阔视野，提升生命质量。如禅修、太极、瑜伽、养生操、森林冥想等。

饮食型养生：要合理利用森林中的食材资源，根据森林食材特有的高品质保健和药用价值，配制食物，以增进健康，满足保健养生需求。如药用食材、有机食品等。

森林体验和康养等森林旅游新业态给传统林业发展带来了深刻变化，拓展了森林资源的利用途径，提高了森林福祉的普惠程度，为森林资源的科学保护与合理利用找到了一条和谐发展之路。为顺应公众急剧增长和日趋多样化的森林旅游需求，近些年，国家自上而下推动森林体验和康养事业的发展，掀起森林旅游热潮。国家林业和草原局先后出台《关于大力推进森林体验和森林养生发展的通知》《全国森林体验基地和全国森林养生基地试点建设工作指导意见》，逐步完善顶层设计；通过启动全国森林体验和森林养生基地建设试点，引领示范、打造精品。浙江、陕西、湖南、四川、山西等地纷纷出台森林体验和养生发展意见、通知，积极开展各种示范建设，以满足人民群众不断增长的健康需求。来自国家林业和草原局的数据显示，截至 2018 年，

北京湿地：湖光山水两相和，潭面无风镜未磨（王健奇 摄）

以森林公园、湿地公园、沙漠公园为代表的各类森林旅游地数量已超过 9000 处。2013—2018 年全国森林旅游游客量累计达 46 亿人次，年均增长 15.5%，创造社会综合产值 33400 亿元。

社会对森林康养和森林旅游的参与度很高，一些协会组织、媒体，通过向公众推荐优质的森林体验和养生目的地，促进森林旅游新业态的持续健康发展。由《中国绿色时报》发起的中国森林康养 50 佳遴选活动，以及中国林业产业联合会森林休闲体验分会发起的“中国森林体验基地，森林养生基地，慢生活休闲体验区、村（镇）”命名授牌活动已经开展了多届，共向公众推荐了几百处森林休闲、体验和养生目的地。一些林业科研院校也成立了森林养生方面的研究机构。2017 年，北京林业大学成立森林养生研究中心，将森林体验、森林养生方向纳入本科招生计划。此外，金融机构也看好森林康养旅游。2017 年，国家发展改革委、国家林业局、国家开发银行、中国农业发展银行下发《关于进一步利用开发性和政策性金融推进林业生态建设的通知》，把森林旅游休闲康养作为重要支持方向。

《"十四五"旅游业发展规划》提出，要推进以国家公园为主体的自然保护地体系建设，形成自然生态系统保护的新体制新模式。充分发挥国家公园等自然保护地、自然公园的教育、游憩等综合功能，在保护的前提下，对一些生态稳定性好、环境承载能力强的森林、草原、湖泊、湿地、沙漠等自然空间依法依规进行科学规划，开展森林康养、自然教育、生态体验、户外运动，构建高品质、多样化的生态产品体系。建立部门协同机制，在生态文明教育、自然生态保护和旅游开发利用方面，加强资源共享、产品研发、人才交流、宣传推介、监督执法等合作。通过线上线下旅游产品和服务加速融合，充分发挥为民、富民、利民、乐民的积极作用，充分利用旅游业涉及面广、带动力强、开放度高的优势，充分运用数字化、网络化、智能化科技创新手段，把森林旅游打造成为绿色资源价值实现的重要途径和促进国民经济绿色增长的新业态。

（三）林下经济

依据《林下经济术语》标准，林下经济是指依托森林、林地及其生态环境，遵循可持续经营原则，以开展复合经营为主要特征的生态友好型经济，包括林下种植、林下养殖、相关产品采集加工、森林景观利用等。定义强调了林下经济绿色、循环、可持续和立体复合经营等特点。

2020年新修订的《森林法》明确了森林、林木、林地的权属及国家、集体和个人等不同主体的合法权益。明确在符合生态区位保护要求和不影响其生态功能的前提下，经过科学论证，可以合理利用公益林林地资源和森林景观资源，适度开展林下经济、森林旅游，进一步明确了林地经营利用范围，放活了林地经营权，为林下经济的发展提供了空间。

根据《第三次全国国土调查主要数据公报》和第九次全国森林资源清查结果，我国现有林地3.24亿公顷，森林面积2.2亿公顷，其中生态公益林1.24亿公顷，商品林0.96亿公顷，丰富的林地资源为林下经济产业发展提供了广阔的空间。同时，我国是世界上生物多样性最丰富的国家之一，生物资源种类多样，蕴藏丰富，为林下经济发展提供了多样化选择的物质基础。党的十八届五中全会明确提出推进健康中国建设，标志着全面推进大健康产业时代的到来。《"健康中国2030"规划纲要》《健康中国行动（2019—2030年）》等一系列文件，均围绕疾病预防和健康促进两大核心，明确了"切实解决影响人民群众健康的突出环境问题”“加强食品安全监管”等要求，到2030年，全民健康素养水平大幅提升，健康生活方式基本普及。林下经济生产的各种药材、蔬菜、菌类、畜禽、山野菜、香料等产品能够提供无污染、无添加剂、品质优良的健康食品或原料，是健康饮食的提供者、健康生活的来源地，是扩大绿色生产、健康消费的新领域。

随着集体林权制度改革的不断深入，林下经济得以快速发展。2012年7月，国务院办公厅印发了《关于加快林下经济发展的意见》，鼓励各地合理利用森林资源，科学发展以林下种植、林下养殖、相关产品采集加工和森林景观利用等为主要内容的林下经济，持续增强农民增收能力、优化农村产业结构、巩固集体林权制度改革和生态建设成果。2012年8月，国家林业局发布《关于贯彻落实〈国务院办公厅关于加快林下经济发展的意见〉的通知》，要求各地把发展林下经济作为促进林业经济发展方式转变、构建社会主义和谐社会的具体实践，并明确了任务分工及工作计划。2014年，在对全国林下经济发展情况摸底调查的基础上，国家林业局制定并发布《全国集体林地林下经济发展规划纲要（2014—2020年）》，明确了全国集体林地范围内林下经济的发展战略、指导思想、目标任务及保障措施，以促进林下经济健康有序发展。2015年，国家林业局印发《全国集体林地林药林菌发展实施方案（2015—2020年）》，明确了以示范基地为依托的发展模式，重点布局发展70个林药、林菌优势品种，探索林药、林菌发展的长效机制。

截至2019年年底，全国林下经济经营和利用林地面积达4000万公顷，林下经济总产值9563亿元。林下经济产值达百亿元的省份有15个，其中500亿元以上的省份有9个，广西壮族自治区、江西省林下经济产值超过千亿元。全国林下经济从业人数超过3400万，各类林下经济经营主体达94.6万个，其中，企业1.6万个，国有林场1928个，家庭林场8800个，农民合作社4.1万个，其他经营主体87.8万个。小型散户、大户、家庭林场、林业专业合作社、林业公司等经营主体不断发育壮大，呈现出旺盛生命力。

林下经济具有生产周期短、见效快的优势，可以帮助生产经营主体“以短养长”，快速实现经济收益，在促进山区林区保就业、惠民生、增收入方面发挥了重要作用。林下经济是山区、林区广大农民最适应、最熟悉的产业发展模式，已经成为山区经济发展的优势产业、供给侧结构性调整的特色产业、巩固脱贫攻坚成果及实现乡村振兴的支柱产业。如贵州省出台《关于聚焦深度贫困地区发展林下经济助推脱贫攻坚的实施方案》，大力组织实施林下种养项目，有效解决贫困地区就地就近就业问题，带动 48.9 万贫困人口增收，助力贵州省按时完成全面脱贫任务。截至 2021 年 10 月，国家林业和草原局共命名 526 个国家林下经济示范基地。现有国家林下经济示范基地从业人员 720 余万人，从业林农年均收入达 1.33 万元。基地经营和利用林地面积约 400 万公顷，约占全国发展林下经济面积的 9%，实现总产值近 1300 亿元，达全国林下经济总产值的 15%，单位面积经济效益明显高于全国平均水平，示范作用显著。同时，基地吸纳大量建档立卡贫困户就近就业，充分发挥了示范基地助农增收的作用。2019 年各基地实现出口额 2.11 亿元，电商收入 17.28 亿元，省部级以上科研成果数量 152 个，国家林下经济示范基地在对外开放、科技创新和成果转化方面引领作用凸显。

扶持政策不断推出和完善。国家层面，2016 年中国人民银行、国家发展改革委等 7 部门联合印发《关于金融助推脱贫攻坚的实施意见》，2017 年国家发展改革委、国家林业局、国家开发银行、中国农业发展银行联合印发《关于进一步利用开发性和政策性金融推进林业生态建设的通知》，2020 年国家发展改革委、国家林草局等 10 部门联合印发《关于科学利用林地资源促进木本粮油和林下经济高质量发展的意见》等文件，从金融、科技、林地资源利用等政策方面对林下经济发展予以大力支持。地方层面，河北、山西、辽宁、吉林、安徽、福建、江西、山东、河南、湖北、广东、广西、重庆、四川、贵州、陕西、甘肃、青海、新疆等省（自治区、直辖市）根据自身区域特色，出台了针对性的林下经济指导意见、规划及财政资金扶持政策，进一步促进了各地林下经济发展。

根据《全国林下经济发展指南（2021—2030 年）》《全国集体林地林下经济发展规划纲要（2014—2020 年）》，通过积极推广林下中药材产业、大力发展林下食用菌产业、科学引导林下养殖产业、有序发展林下采集产业、加快发展森林康养产业、加强林下经济品牌建设、加快经营主体培育、加快市场营销流通体系构建、深化林下经济示范基地建设等措施，到 2025 年，林下经济经营和利用林地总面积达到 4333 万公顷，实现林下经济总产值 1 万亿元，国家林下经济示范基地达到 800 家，发展林下中药材生态培育面积 33 万公顷，林下食用菌生态培育面积 33 万公顷，林下养殖规模 20 万公顷，培育以发展林下经济为主的国家林业重点龙头企业和国家农民专业合作社示范社 200 个。

到 2030 年，林下经济经营和利用林地总面积达到 4667 万公顷，实现林下经济总产值 1.3 万亿元，国家林下经济示范基地达到 1000 家，发展林下中药材生态培育面积 67 万公顷，林下食用菌生态培育面积 53 万公顷，林下养殖规模 33 万公顷，培育以发展林下经济为主的国家林业重点龙头企业和国家农民专业合作社示范社 300 个。

（四）花卉产业

花卉是指以植物的花为主要劳动成果，或以观赏、美化、绿化、香化为主要用途的栽培植物。根据花卉的最终用途和生产特点，将花卉分为切花（切叶）、盆栽植物、观赏苗木、食用与药用花卉、工业及其他用途花卉、草坪、种子用花卉、种球用花卉和种苗用花卉。

花卉产业是将花卉作为商品，进行研究、开发、生产、贮运、营销以及售后服务等一系列活动。花卉的培育、养护、管理、服务、生产、流通环节密切相关，目前的销售渠道有传统批发、拍卖、直销、电商等方式，已在国民经济产业结构中形成独立的产业体系。

2019 年，中国花卉种植面积达 176 万公顷，市场总规模达 1656 亿元，电商市场规模达 535.1 亿元，市场总成交额达 750.84 亿元，批发市场成交额达 716.24 亿元，其中，江苏省以 33.57 万公顷居全国花卉种植面积首位。花卉进口总金额 2.62 亿美元，其中云南省进口规模最大，达 8303.5 万美元，按进口金额排序，2019 年主要花卉进口来源地依次为荷兰、日本、厄瓜多尔、泰国、智利、新西兰、南非、肯尼亚、越南、西班牙。花卉出口总金额 3.58 亿美元（较进口金额高出 0.96 亿美元），福建省以 8212.1 万美元位居全国 2019 年第一出口大省，按出口金额排序，2019 年主要花卉出口销往地依次为日本、韩国、荷兰、美国、越南、泰国、德国、新加坡、中国香港、澳大利亚。

中国已成为世界最大的花卉生产基地、重要的花卉消费国和花卉进出口贸易国。花卉产业的发展，取得了巨大成就，积累了丰富经验，为新时代花卉业的发展奠定了良好的基础。近 20 年来，我国花卉种植面积总体呈现不断增加趋势，不同时期变化幅度有所不同。2000—2005 年增长较快，从 2000 年的 14.75 万公顷增加到 2005 年的 81.02 万公顷，增长了 5.5 倍，年均增长幅度达到 37%，最高增长幅度达 67%。2006—2008 年，花卉种植面积有所下降，且增长缓慢。到 2009 年，花卉种植面积才恢复到 2005 年水平。2010 年之后，花卉生产又呈现快速增长，从2010年的91.76万公顷增加到2018年的163.28万公顷，增长了1.8倍，年均增长幅度为8%。

2000年，我国花卉销售额为158.16亿元，2017年增长到1533.3亿元，增长了9.7倍。从增长幅度来看，花卉销售额保持快速的增长势头，年均增长率达到14.7%。

目前，我国花卉产品正在向多样化转变，已由盆景和小盆花发展到鲜切花、盆栽植物、观赏苗木、草坪、种子种球种苗用花卉、干燥花、食用与药用花卉、工业用及其他用途花卉等十几种花卉类型，满足了不同消费者对花卉产品的基本要求。

近20年来，我国不同花卉产品类型所占比例基本保持稳定。各花卉产品结构中，观赏苗木所占比重最大，接近甚至超过一半的份额；其次为盆栽植物类，基本在25%的比例上下浮动；再次是鲜切花类，所占比重基本维持在10%以上的水平。

从种植面积分析，观赏苗木呈持续的快速增长趋势，从2000年的6.56万公顷到2017年的80.06万公顷，增长了11.2倍，而鲜切花和盆栽植物的种植面积则呈缓慢增长趋势，种植面积从2000年到2017年分别增长了5.2倍和5.6倍。

从分布看，我国花卉市场初步形成了“西南有鲜切花、东南有苗木和盆花、西北冷凉地区有种球、东北有加工花卉”的生产布局。其中，山东、江苏、浙江及河南为中国四大花木种植地区，自2007年以来，我国花卉种植面积排名前五的省份均包括江苏、山东、河南、浙江四省。

中国花卉发展在如下几个方面尚具有很大潜力。

一是品种创新和核心竞争力提升空间大。开展传统名花、珍稀濒危花卉、特色花卉和潜在利用价值的花卉种质资源保存评价利用。收集引进国外优异观赏植物种质资源。建立国家花卉种质资源库和省（自治区、直辖市）级花卉种质资源库，确保我国主要特色花卉种质资源得到有效保存。品种创新空间大。构建以企业为主体、市场为导向、产学研深度融合的花卉新品种选育技术创新体系，培育更多自主知识产权的新品种，提高花卉产业的国际竞争力，依托国家花卉研发中心、国家重点花卉良种繁育基地等研发机构，着力研发花卉繁育、种子种苗生产及配套产品生产关键技术。

二是产品质量和产业发展新动能培植潜力大。从种植、运输、储存、流通等花卉全产业链，均具有新技术推广应用、提升花卉产品质量的空间；通过建立以质量为核心的生产、采后、包装、储藏、运输等花卉标准化体系，促进花卉产品质量标准与国际接轨；通过加强质量检验检测和花卉苗木产品的包装、品牌设计与售后服务提升竞争力。

三是花文化及花卉消费水平和层次有提升空间，通过加快转型升级，打造三产融合的现代花卉全产业链，实现融合发展。充分依托当地的地理位置和自然资源优势，将花卉种植基地建设成集花卉的种苗繁育、生产种植、冷链物流、加工销售、休闲观光、科普展示、文创体验、健康养生为一体的花卉三产相融合的现代花卉全产业链休闲旅游观光园。形成“可览、可游、可居”的集自然、生产、休闲、娱乐、教育于一体的景观综合体；用科技成果改良花卉品种，让花卉作为商品进入市场，从而带动花卉加工、包装、储存、运输等行业的发展，围绕花卉自然延伸的产业链提升花卉产品的附加值；通过搭建花卉展览、交易平台，开展相应的讲座、现场表演，举办各项赛事来交流信息，加强与外地、外国的沟通学习，从而提升本地花卉的品质和花卉产品的艺术附加值，拓宽更为广阔的市场；充分挖掘花卉的其他特性，如食用、药用、做香料等方面的开发和研究，并将其作为今后的一个重要发展方向，提高花卉产品的应用价值。

四是科学规划，充分利用政策推动花卉产业发展。围绕乡村振兴和一、二、三产业融合战略，结合当地花卉产业的已有优势和存在问题，推动每个省因地制宜确定特色产业主攻重点，科学制定花卉产业发展规划。充分发挥花卉产业经济效益高、种植周期较短的优势，落实农业生产优惠政策，鼓励花卉产业基地规模不断扩大。

（五）林业生物质能源

林业生物质能由太阳能转化而成，贮藏于林业生物质中，一般通过直接燃烧、热化学转换、生物转换、液化等技术加以利用，主要用于气化发电、燃料、供热等。林业生物质是指以

云南大理南涧无量山樱花谷（杜小红 摄）

木本、草本植物为主的生物质，主要包括林木、林草、林副产品及废弃物、木制品废弃物等。

林业生物质能源在生物质能源中占据主体地位，和石油、煤炭、天然气等化石能源相比，主要优势有：一是清洁能源。传统化石能源在燃烧过程中释放大量温室气体，90% 以上的人为排放的温室气体都由化石能源燃烧产生，大量的温室气体以及有害气体的排放无疑加重了环境的负担，使环境逐渐恶化。林业生物质能源是一种清洁能源，能有效降低二氧化碳的排放量，并能提高能源的燃烧效率。生物质能源的利用方式与转化途径多样，可通过生物转化、热化学转化以及液化转化为柴油、乙醇等燃料。二是可持续、可再生能源优势。据测算，世界上煤、石油、天然气分别可开采 220 年、40 年和 60 年，如果不开发可再生能源，人类的能源将面临枯竭。林业生物质能源可再生，能满足人类对能源日益增长的需求。

目前，美国、芬兰、瑞典和奥地利等国家将生物质能转化为高品位能源利用已具有可观的规模，依次占该国一次能源消耗量的 4%、18%、16% 和

北京野鸭湖国家湿地公园（王健奇 摄）

10%，走在世界前列。20 世纪 80 年代以来，我国生物质能源应用技术一直受到政府和科技人员的重视。国家从“六五”计划就开始设立重点攻关项目，主要在气化、固化、热解和液化等方面展开研究工作，虽然取得了很大进步，但与国外差距还较大。随着高新技术的飞速发展，林业生物质能源工程朝着以绿色化学洁净转化为高效率、高附加值、精深加工、定向转化、功能化、环境友好化等方向发展。

我国发展林业生物质能源具有资源优势。从总量上看具有林地资源优势。根据第九次森林资源清查，我国现有灌木林地 7385 万公顷、疏林地 342 万公顷、迹地 242 万公顷、宜林地 4998 万公顷，具有发展能源林潜力的林地面积 1.3 亿公顷，按利用其中 40% 种植高能源植物计算，每年产生的生物质量可替代 1 亿吨标准煤。而且我国林下资源也非常丰富，资源上的优势为我国大力发展林业生物质能源提供了物质保障。具有技术日趋成熟的保障。我国在能源林树种选择和造林模式等方面已有较为丰富的技术储备。且在转化工艺上也有突破，随着现代科技的不断发展，开发林业生物质能源的方式逐步多样化，林业生物质能源通过物理转化可得到同体成型燃料；通过化学转化可得到高压蒸汽、燃料油等；通过生物转化可得到甲烷气。

我国现森林面积 2.2 亿公顷，森林蓄积 176 亿立方米，人工林保存面积 0.8 亿公顷，森林植被总生物量 188.02 亿吨，总碳储量 91.86 亿吨。林木生物质资源潜力约 180 亿吨。现有林木资源中可作为能源利用的主要是木质资源、木本油料和淀粉植物。

木质资源：主要是薪炭林、木竹生产的剩余物，灌木林平茬和森林抚育间伐产生的枝条、小径材，经济林和城市绿化修剪枝杈等。我国现有薪炭林 123 万公顷，蓄积量 5666 万立方米，集中分布于云南、辽宁、陕西、湖北、贵州、四川等 15 个省份，占全国薪炭林面积和蓄积量的 97%。森林经营年采伐量约 2.5 亿立方米，可产生采伐、造材剩余物 1.1 亿吨；现有灌木林地总面积 7385 万公顷，每年灌木平茬复壮可采集木质燃料 1.4 亿吨左右；全国 7000 多万公顷的中幼龄林，通过正常抚育间伐每年可获取 0.3 亿 ~0.7 亿吨原料；另外，经济林修剪、城市绿化修枝还能提供一些原料。我国现有林木资源可用作木质能源的潜力约有 3.5 亿吨，全部开发利用可替代 2 亿吨标准煤。

木本油料：我国已查明的油料植物中，种子含油量 40% 以上的植物有 150 多种，能够规模化培育的乔灌木树种有 30 多种，包括油棕、无患子、小

桐子、光皮树、文冠果、黄连木、山桐子、山苍子、盐肤木、欧李、乌桕、东京野茉莉12个树种，其中油棕、无患子等9个树种相对成片分布，面积超过100万公顷，年果实产量100万吨以上，全部加工利用可获得40余万吨生物燃油。

淀粉植物：我国淀粉类植物资源丰富，果实含淀粉的有锥栗、茅栗、甜槠、苦槠、绵槠、青冈、麻栎、栓皮栎、槲栎、金樱子、田菁、马棘、芡实、薏苡、铁树籽等，根茎含淀粉的有葛根、野山药、百合、土茯苓、金刚刺、魔芋、芒蕨、石蒜、狗脊、蕉芋、木薯、黄精、玉竹、山猪肝等。淀粉植物具有生产液体燃料的广阔前景。全国栎类树种现有面积1656万公顷，主要分布在内蒙古、吉林、黑龙江，栎类林可年产种子1000万吨以上，可用于生产250万吨燃料乙醇。全国葛类总面积约40万公顷，年资源总量150万吨以上，可用于生产50万吨燃料乙醇。

近年来，国家出台了扶持林业生物质能发展的政策。对生物能源与生物化工建立了风险基金制度，实施弹性亏损补贴、原料基地补助、重大技术产业化项目示范补助及税收扶持政策。国家对农林生物质发电实施每千瓦时0.75元的优惠电价，成型燃料享有增值税100%即征即退的政策。

根据《全国林业生物质能发展规划（2011—2020年）》，到2020年，建成林业生物质能种植、生产、加工转换和应用的产业体系，现代能源林基地对产业保障程度显著提高，培育壮大一批实力较强的企业。建成能源林1678万公顷，林业生物质年利用量超过2000万吨标准煤，其中，生物液体燃料贡献率为30%，生物质热利用贡献率为70%。其中：油料能源林规模达到422万公顷，全部进入结实期后，全部利用折合约580万吨标准煤；木质能源林基地规模达到943万公顷，其中约750万公顷可供利用，每年可提供4500万吨生物质原料，全部利用可替代2200万吨标准煤；淀粉能源林规模达到313万公顷，

北京延庆黑峪口村（王健奇 摄）

进入结实的约 150 万公顷，全部利用折合 30 万吨标准煤。全部进入盛产期后，全部利用折合 60 万吨标准煤；建成能源林培育示范基地 29 个，总规模 90 万公顷，其中，油料能源林培育示范基地 15 个、规模 38 万公顷，木质能源林培育示范基地 11 个、规模 40 万公顷，淀粉能源林培育示范基地 3 个、规模 12 万公顷。建成能源林良种繁育推广示范基地 18 个，其中，油料能源林良种繁育推广示范基地 9 个，木质和淀粉能源林良种繁育推广示范基地 9 个。

第三章

林业草原国家公园融合发展的世界贡献

第一节 “五个追求”引领林业草原国家公园融合发展

“我们应该追求人与自然和谐”“我们应该追求绿色发展繁荣”“我们应该追求热爱自然情怀”“我们应该追求科学治理精神”“我们应该追求携手合作应对”，中国国家主席习近平出席 2019 年中国北京世界园艺博览会开幕式，并发表题为《共谋绿色生活，共建美丽家园》的重要讲话。习近平主席提出的“五个追求”指出了生态文明建设的目标及其支撑的“四大支柱”，是新时代我国生态文明建设的指南，为全球生态文明建设提供理念支撑，贡献中国智慧。

绿色、人文、科学和合作，是支撑人与自然和谐的生态文明大厦的四根支柱。“五个追求”为生态文明建设提供了根本遵循，将有效地促进中国生态文明建设，同时也为世界生态文明建设提供中国智慧，具有重要的世界意义。

一、追求人与自然和谐是生态文明建设的终极目标

“天人合一”是我国古代先哲的智慧，已经融入中华文化之中，人与自然和谐包含着“天人合一”的思想，是对传统文化的继承。人与自然是相互影响、不可分割的一部分，我们必须与自然和谐相处，新时代生态文明建设在继承传统智慧的基础上赋予了人与自然和谐的新内涵，将思想变成现实，构建人与自然生命共同体。党的十八大以来，以习近平同志为核心的党中央引领全党全国开展生态文明建设，先后将生态文明写入《中华人民共和国宪法》和《中国共产党章程》。在“五位一体”总体布局中，生态文明建设是其中一位，“绿水青山就是金山银山”形象地说明了生态文明建设和经济建设的关系，并且在中国的实践中逐步得到贯彻和执行。“追求人与自然和谐”更加清晰地指出了生态文明建设的目标，必将促进我国生态文明建设，对全球生态文明建设具有重要的示范意义。

追求人与自然和谐，是人类经过深刻反思后得出的科学认识。林草业在促进人与自然和谐相处、和谐发展中承担着重大的历史使命，是林业草原国

家公园融合发展的终极目标。追求人与自然和谐，就是发展人与自然的关系。人与自然的和谐是动态的，和谐的内涵会伴随社会进步而不断升华，追求和谐的过程就是人类不断认识自然、适应自然的过程，就是人类不断修正自己的错误、调整与自然的关系的过程，也就是人类在不断发展自己、提高自己的同时不断改善自然、完善自然的过程。

林草业在促进人与自然和谐相处、和谐发展中承担着重大的历史使命。森林、草原、湿地、海洋、荒漠、城市、农田七大生态系统，全部与林业草原密切相关，其中有 4 个属于林草业工作职能的范围：森林是陆地生态系统的主体，在维护陆地生态安全、保护生物多样性等方面发挥着支柱作用，被称为“地球之肺”。湿地在维护水资源平衡、保护生物多样性等方面同样具有巨大的生态功能，被誉为“地球之肾”，它既是一个完整的生态系统，又是连接海洋和森林生态系统的纽带与桥梁。世界草原的总面积为 45 亿公顷，约占陆地面积的 24%，仅次于森林生态系统。在生物圈固定能量的比例中，草原生态系统约为 11.6%，也居陆地生态系统的第二位。草原也是我国主要的自然生态系统类型之一，不仅是重要的地理屏障，而且是阻止沙漠蔓延的天然防线，起着生态屏障作用。另外，它也是人类发展畜牧业的天然基地。中国

福建晋江湿地（刘继广　摄）

新疆喀纳斯的恐龙滩（刘继广 摄）

的荒漠区占国土面积 1/5 以上，大部分属于温带典型荒漠。其中新疆塔里木盆地最大，盆地中央的塔克拉玛干沙漠是世界第二大沙漠，向北向东依次为准噶尔盆地、吐哈盆地、阿拉善平原、河西走廊，直至腾格里沙漠、乌兰布和沙漠及其周围地区。年降水量除东部边缘和部分山地荒漠为 200 毫米左右外，80% 以上地区均少于 100 毫米，阿拉善西部至塔里木盆地则在 50 毫米以下，部分地区甚至终年无雨。年均温度 0~14℃。冬春季节大规模冷空气活动频繁，是中国扬沙天气和沙尘暴的主要源区。此外，城市环境的改善依赖于林草植被，2004 年后开展的森林城市创建工作，是我国城市生态文明建设的核心环节之一；沿海防护林体系、红树林湿地对海洋生态系统稳定和国土安全具有决定性作用；农田防护林网是平原或风沙地带确保农田安全的林木防护网格，也是一种特殊的生态系统，其把林业、农业及粮食安全紧密地连接在一起。可见，林业草原国家公园融合发展是我国国土最重要的生态系统，是国家全面发展、民族繁荣进步、百姓安居乐业的生态安全屏障，是在发展中寻求和谐、建立和谐、完善和谐、升华和谐的关键要素，是生态文明建设终极目标的基准色。

二、追求绿色发展繁荣是生态文明建设的绿色支柱

美好生活的发展必须建立在与大自然和谐相处的基础上，这种发展和繁荣不是建立在掠夺大自然的基础上，而是需要绿色发展。中国非常重视绿色发展，在 2019 年第二届“一带一路”国际合作高峰论坛上，习近平主席将绿色理念作为三大理念之一提出，绿色发展成为中国经济发展转型的重要目标，也是衡量发展是否为高质量发展的重要指标之一。习近平主席在 2019 年中国北京世界园艺博览会开幕式上的讲话中指出，“杀鸡取卵、竭泽而渔的发展方式走到了尽头，顺应自然、保护生态的绿色发展昭示着未来”，绿色发展繁荣是生态文明建设的绿色支柱，绿色是繁荣的底色，要推动生产方式向绿色生产方式转型，推进生态文明建设。

随着工业化的深入，在经济快速发展的同时，人类对资源的过度开采、森林植被的严重破坏、全球气候变暖等因素造成环境的不断恶化，对人类的生存产生了诸多不利影响。因此，绿色发展，坚持走可持续发展道路是社会经济发展的必然之路。林草业作为我国生态建设的主体之一，其重要性不言而喻，主要体现在以下几个方面：林业通过涵养水源、保持水土流失，防风固沙、保护农田，调节气候，有效缓解全球温室效应，吸收有害气体、净化空气。同时，森林草原的多样性为自然界的生物提供了有利的生存环境，有效保护了生物种群的多样性。

林草业是重要的绿色经济体，承担着促进绿色发展的重大职责。党的十八大强调要着力推进绿色发展、循环发展、低碳发展，形成节约资源和保护环境的空间格局、产业结构、生产方式、生活方式。绿色发展的特征是低消耗、低排放、可循环，重点是形成有利于生态安全、绿色增长的产业结构。林草业既是改善生态的公益事业，又是改善民生的基础产业；既是增加森林碳汇、应对气候变化的战略支撑，又是规模最大的绿色产业和循环经济体；既是增加农民收入的潜力所在，又是拉动内需的主战场。依托林草业发展绿色经济、实现绿色增长，是建设生态文明的重要内容。

按照当前国际上通行的理解，自然生态系统具有供给、调节、支持和文化四项服务功能，依此产生生态、经济和社会三大效益。森林生态系统是同时具备这四项功能的强大生态系统。森林是一个绿色生产（供给）系统，能为人类社会提供木材、纤维、能源、食物、药材等各种林产品。森林是大

江西省赣南树木园（刘继广 摄）

气、水、土等自然系统的主要调节器，发挥着涵养水源、保持水土、防风固沙、吸附污染物等生态调节作用。森林是地球生物圈的主要支持系统，起着吸碳呼氧，维护大气组成，保护生物多样性，维持地球大气圈、生物圈、土壤岩石圈、水圈中水分和矿物养分物质循环和在生产者、消费者、分解者之间能量流动的支持作用。森林也逐渐成为人民群众保健游憩、休养观赏的主要场所。森林的这四项生态系统服务功能强大，可产生巨大的生态、经济和社会效益。更可贵的是，林产业是真正的绿色产业，其生产过程大多是纯自然、低能耗、少污染的，其产品都是可再生、高安全、易降解的。因此林产业应当成为绿色经济的重要组成部分。只要经营管理得当，森林的生产（供给）功能完全可以与调节、支持和文化功能相兼容。多功能林业已成为现代林业的发展趋势，这就使林业在生态文明建设中的地位更为重要。中国工程院院士沈国舫认为，林业是兼有生态保护及建设的主体功能和绿色生产的经济功能的事业和产业，这在所有生产部门中是一个特例。

三、追求热爱自然情怀是生态文明建设的人文支柱

"追求热爱自然情怀"具有重要的理论和实践意义，是生态文明建设的人文支柱。生态文明建设需要入脑入心，并变成自觉行动。理念决定道路，情怀决定志向和干劲。追求热爱自然的情怀，就是树立珍爱自然的价值观，让生态环保成为社会生活中的主流文化，在生活的各个方面自觉或者不自觉地保护生态、保护自然，树立"我们要像保护自己的眼睛一样保护生态环境，像对待生命一样对待生态环境"的观念，建立保护自然光荣、破坏自然可耻的自然观。关爱自然，珍惜自然，保护自然，将对自然的爱深入到心灵深处。

生态文化的核心思想是人与自然和谐。认识自然生态系统的规律，是实现人与自然和谐的前提；解决认识和行为上的偏差，是实现人与自然和谐的关键；树立正确的生态观念，是实现人与自然和谐的核心；推动人与自然良性互动，是实现人与自然和谐的基本要求。

生态文化建设的主要任务是科学认识、积极倡导和大力推动实现人与自然和谐。在加快推进林业草原国家公园融合发展、实现人与自然和谐的进程中，要更加重视发挥生态文化对社会意识的引领作用，对生产生活方式转变的促进作用，对政府部门决策的影响作用，对国家形象的维护作用，对科学

技术的推广作用，对林草业事业的凝聚作用。

林业草原国家公园融合发展的主要任务是构建完善的林业草原生态体系、发达的林业产业体系和繁荣的生态文化体系。党的十八大提出生态文明建设重大战略决策，给林草业发展提出了新的挑战和课题，建设生态文化体系，已经成为现代林草业的重要组成部分，没有生态文化体系建设的支撑，是缺乏先进文化内涵的林草业。加强生态保护和建设的本身就是创造生态文明、弘扬生态文化的过程。所以，生态文化建设必须有强大的生态建设作先导，必须建立完备的生态防护林、突出的林业生态工程、厚重的生态基地规模、稳健的发展速度、和谐的发展模式；必须有发达的林业产业作为基础，大力发展产业基地、调整产业结构、培育龙头企业、打造产业品牌、开发森林旅游；必须与各种文化相结合，搞好与历史文化、道德文化、社会文化、自然文化、人文文化、物态文化的衔接和融合；必须有科学的理论作指导，实施理论创新、制度创新、机制创新、体制创新、方法创新，营造一种追求热爱自然的生态情怀和文化氛围，逐步构建起生态文明的人文支柱。

四、追求科学治理精神是生态文明建设的科学支柱

生态文明建设既是政治问题，也是科学问题，需要用科学办法去进行生态文明建设。科学治理精神告诉我们，生态文明建设要用科学精神，切莫盲目蛮干，要尊重生命文明建设规律，不能搞“一刀切”，要按照山水林田湖草是一个生命共同体的理念系统治理。生态文明建设是一个长期过程，既要只争朝夕地治理，更要发扬钉钉子精神持之以恒。

发达的林草业、良好的生态，是国家文明、社会进步的重要标志。研究表明，陆地生态系统的生物量占地球生物量的99%，森林生态系统的生物量又占陆地生态系统生物量的90%以上。但目前我国的森林覆盖率不足世界平均水平的70%，沙化土地面积超过国土面积的1/5，水土流失面积超过国土面积的1/3。由此带来的生态环境恶劣、生态承载力不高等问题依然严峻。党的十八大提出建设美丽中国的重要目标，是对人民群众生态诉求日益增长的积极回应。林业是生态文明建设的关键领域和主要阵地，承担着保护森林、湿地、荒漠三大生态系统和维护生物多样性的重要职责，是生态文明建设的关键领域，是生态产品生产的主要阵地，是美丽中国构建的核心元素。

林草业是实施主体功能区战略的重点，承担着构建生态安全格局的重大职责。党的十八大明确提出要加快实施主体功能区战略，推动各地区严格按照主体功能定位发展，构建科学合理的城市化格局、农业发展格局、生态安全格局。国家主体功能区战略明确要求，要加快构建以“两屏三带”（青藏高原生态屏障、黄土高原—川滇生态屏障，东北森林带、北方防沙带和南方丘陵山地带）为主体的生态安全格局。国家限制或禁止对“两屏三带”、国家重点生态功能区、国家级自然保护区和国家森林公园等区域的开发，就是为了保护林地、湿地、沙地的森林植被，充分发挥它们的生态功能，并为人们提供更多更好的生态产品。

坚持科学治理是胜任履职能力的内在要求。党的十八大要求加大自然生态系统和环境保护力度，实施重大生态修复工程，推进荒漠化、石漠化、水土流失综合治理，扩大森林、湖泊、湿地面积，保护生物多样性。这些都是林草部门的重要职责和任务。森林草原是陆地生态系统的主体。改革开放以来，党中央、国务院高度重视现代林业科学发展，作出了实施 16 项重点生态修复工程等一系列重大战略举措，充分发挥了林业在生态建设与环境保护中的主体作用和科技赋能潜力，为生态文明建设奠定了坚实基础。立足新发展阶段，“十四五”林草业发展统筹顶层设计，科学谋划全国森林、草原、湿地、荒漠生态系统质量和稳定性全面提升、生态系统碳汇增量任务目标，科学提出了实施重要生态系统保护和修复重大工程、科学开展国土绿化行动、加快构建以国家公园为主体的自然保护地体系、加强野生动植物保护、做优做强绿色产业、加强林草资源监督管理、构建有效林草防灾减灾体系、深化林草改革开放、实施山水林田湖草沙系统治理工程等一系列重点举措，充分体现了科学治理精神是生态文明建设科学支柱的内涵。

五、追求携手合作应对是生态文明建设的合作支柱

无论是发展中国家还是发达国家，都共同面临生态环境的挑战，生活在美丽家园是全人类的梦想，共同应对环境问题才能保护我们唯一的家园——美丽的地球。世界各国携起手来，共同应对环境问题，建立美丽的家园，这是我们拯救受伤地球的重要途径，构建生命共同体对于生态文明建设非常重要和迫切，全球生态文明之路行稳致远，不能靠一家单打独斗，必须携手共

行，走合作共赢之路。

40 多年来，尤其是党的十八大后，中国林草业积极履行《联合国防治荒漠化公约》《关于特别是作为水禽栖息地的国际重要湿地公约》《濒危野生动植物种国际贸易公约》，推动国际竹藤组织和亚太森林网络组织参与全球生态事务。与 65 个国家签署 126 个林业合作协议，与 19 个国家开展大熊猫合作研究。推动实施“一带一路”倡议，建立中国—中东欧国家林业合作协调机制、大中亚地区林业合作机制，开展中美、中欧、中非等林业对口磋商，拓展了我国多双边合作路径。开展应对气候变化、打击野生动植物非法贸易和木材非法采伐等活动，进行林业对外援助，增强了我国在全球生态治理中的话语权。林业对外开放的有效实践，拓展了我国经济对外发展空间，携手合作应对已经成为生态文明建设的合作支柱，为全球生态治理提供了中国方案，赢得了国际社会的广泛赞誉。

第二节　融合发展和谐共生：见证中国生态文明建设的世界贡献

一、青藏高原人与自然和谐共生的世界贡献

自由奔驰的藏羚羊、藏野驴、野牦牛，绽放艳丽色彩的高原植物，川流不息的融雪河流，透着蓝宝石光彩的湖泊，仿佛时空凝结的雪山冰川……青藏高原，素有“世界屋脊”“人类最后一片净土”“地球第三极”“亚洲水塔”之称。保护好青藏高原生态环境，不仅为中华民族更为亚洲乃至全世界守住了生态安全屏障。

2018 年 7 月 18 日，国务院新闻办公室发布《青藏高原生态文明建设状况》白皮书，以充分事实和大量的数据向全世界介绍了近年来我国青藏高原生态文明建设的状况和成就。白皮书显示，青藏高原湿地生态系统进一步好转，珍稀濒危物种种群恢复与扩大，环境质量持续稳定向好，青藏高原地区仍然是地球上最洁净的地区之一。生态保护不欠账，当地百姓也实现了收入多进账。通过生态补偿，发展生态经济、绿色经济、绿色产业，青藏高原地

区各族群众吃上了“生态饭”，赚到了“生态钱”，实现了增收致富。绿水青山就是金山银山的绿色发展理念，在青藏高原逐渐成为现实。

曾几何时，水资源区域短缺、荒漠化日益严重、草原退化、冰川消融、野生动植物锐减等问题，使青藏高原生态环境面临严重威胁。生态环境没有替代品，生态兴则文明兴，生态衰则文明衰。近年来特别是党的十八大以来，以习近平同志为核心的党中央坚持生态保护第一，将保护好青藏高原生态作为关系中华民族生存和发展的大事。特别是习近平总书记亲自谋划、亲自指挥，就全面加强青藏高原生态文明建设作出一系列重要部署。发展循环经济、推进生态扶贫、开展三江源国家公园体制试点、筑牢生态安全屏障……正是这一项项力度大、举措实、推进快的生态保护举措，推动青藏高原成为生态文明建设的示范样板。

新时代的到来，总是以新思想为标志，历史性成就的取得，总是以新思想为支撑。试看青藏高原生态文明建设的各项成就，从生态文明制度逐步健全到绿色产业稳步发展，从环境质量稳定良好到生态文化逐渐形成，其中都能看到习近平生态文明思想的影子。观察党的十八大以来历史性成就的恢弘画卷，绿色发展之所以成为最厚重的底色，生态文明之所以成为最突出的标识，一个重要原因就在于，以习近平同志为核心的党中央，深刻回答为什么建设

青海湖油菜花盛开（刘继广 摄）

生态文明、建设什么样的生态文明、怎样建设生态文明的重大理论和实践问题，推动生态环境保护发生历史性、转折性、全局性变化。以青藏高原生态文明建设的显著成效为代表，中国正在发生的最大规模、最为深刻的生态文明全方位变革，为中华民族和人类文明作出了彪炳史册的历史性贡献。

“青藏高原是大自然赐予中国人民和全人类的财富，保护好青藏高原的生态环境，是中国人民的责任。”正如白皮书所宣示的，新时代中国，有意愿和决心，也有能力和担当肩负起生态建设和环境治理“举旗者”的重任。展望未来，生态文明建设的中国实践，必将以美丽中国的生动画卷为中华民族永续发展完成奠基，以生态文明建设的中国经验为人类实现人与自然和谐共生的现代化提供新范例。

二、中国人工林建设：全球增绿的中国贡献

习近平总书记在内蒙古考察时指出，中国是世界上最大的人工林贡献国。这么大范围地持续不断建设人工林，只有在我国社会主义制度下才能做到。筑牢祖国北方重要的生态安全屏障，守好这方碧绿、这片蔚蓝、这份纯净，要坚定不移走生态优先、绿色发展之路，世世代代干下去，努力打造青山常在、绿水长流、空气常新的美丽中国。

生态建设，关乎国计民生，更关系我们的未来。全国第九次森林资源清查数据显示，全国森林覆盖率 22.96%，森林面积 2.2 亿公顷，森林蓄积 175.6 亿立方米。其中人工林面积 0.8 亿公顷，蓄积 34.52 亿立方米，中国人工林面积居世界首位。

生态文明，让山川巨变。在全球森林资源总体下降的大背景下，在保持经济高速增长的同时，中国实现了森林面积与森林蓄积量的连续性“双增长”，在世界生态史上，交出了人工林面积世界第一的答卷。

从东北、华北再到西北，一道如绿色长城般蜿蜒挺立的生态屏障熠熠生辉，这就是维护我国北疆生态安全的“三北”防护林体系建设工程。40 多年来，“三北”地区各级党委、政府以及广大林业部门，组织带领各族干部群众，发扬艰苦奋斗、顽强拼搏精神，持之以恒，久久为功，用心血和汗水在祖国北疆筑起了一道抵御风沙、保持水土、护农促牧、保卫国家生态安全的绿色长城。

数据显示，在中国北方万里风沙线上，“三北”工程累计营造防风固沙林788.2万公顷，治理沙化土地33.62万平方千米，保护和恢复严重沙化、盐碱化的草原、牧场1000多万公顷，基本结束了沙化土地扩展加剧的历史。重点治理的毛乌素、科尔沁、呼伦贝尔三大沙地全部实现了沙化土地的逆转。工程区年均沙尘暴日数从6.8天下降到2.4天。

沿海防护林体系建设工程实施以来，工程区累计完成营造林400多万公顷，工程区森林覆盖率提高到39%左右，在我国沿海地区建起1万多千米的绿色林带。

同饮一江水，共护母亲河。30年来，长江流域防护林体系建设工程区17个省（自治区、直辖市）持续不断开展植树造林、绿化国土行动，在一切可能的地方见缝插针植树造林。目前，工程区森林覆盖率已达39%，比1989年增加了近10个百分点。

目前，我国正在大力推进国家储备林建设，2035年建成后，年平均森林蓄积净增2亿立方米，年均增加乡土珍稀树种和大径材蓄积6300万立方米，一般用材基本自给。

造林重大工程，不仅为中国生态治理积累了宝贵经验，也为全球生态治理提供了优质的、可借鉴的、可复制的中国经验、中国方案，成为展现中国负责任大国形象的绿色名片。

近年来，我国持续开展大规模国土绿化行动，实施重点林业生态工程，通过人工造林、封山育林、飞播造林、退化林修复等措施，每年造林面积都在1亿亩左右，生态环境得到明显改善。与改革开放前相比，中国森林面积增加80%，森林覆盖率提高近10个百分点，人工林面积长期位居世界首位。

自20世纪80年代末以来，我国的森林面积和森林蓄积已连续40年保持“双增长”，成为全球森林资源增长最多的国家，初步形成了国有林以公益林为主、集体林以商品林为主、木材供给以人工林为主的格局，森林资源开始步入良性发展轨道。

统计显示，全球2000年到2017年新增的绿化面积中，约1/4来自中国，中国贡献比例居全球首位。前不久，美国国家航空航天局（NASA）卫星照片呈现出的绿色中国版图，让世界为“中国绿”点赞。

青海湖（刘继广 摄）

三、大熊猫国家公园对濒危物种保护的世界贡献

（一）大熊猫国家公园试点

2016 年 12 月 5 日，中央全面深化改革领导小组第三十次会议审议通过了《大熊猫国家公园体制试点方案》。一场由国家主导，关于大熊猫及其栖息地最高级别的保护就此拉开序幕。

大熊猫，一种已知至少生存在地球上 800 万年的物种，数十万年前曾遍布中国，其足迹北达北京周口店，南抵越南、缅甸边境。

在度过漫长残酷的冰河期后，大熊猫栖息地急剧萎缩，其野生种群退蔽至邛崃山、岷山、秦岭、大小相岭和凉山……六大山系成为它们最后的“庇护所”。随着气候变化和人为活动影响的加剧，最后的栖息地碎片化严重威胁大熊猫生存，野生大熊猫被割裂成 33 个孤立种群，部分微小种群有极高灭绝风险。

国宝大熊猫是中国的象征，是世界人民喜爱的动物，其栖息地破碎化危机牵动全球关注。保护好野生大熊猫最后的庇护地，是建立大熊猫国家公园的初衷。

1. 这是一场物种保护格局的升级

为让大熊猫在一片完整、连续和更为广阔的家园永续繁衍，大熊猫国家公园体制试点区域面积约 2.7 万平方千米，地跨四川、陕西、甘肃三省，纵横五大山系，覆盖大部分野生大熊猫种群及其栖息地，试点区内栖息着 1631 只野生大熊猫。

遵循大熊猫生存繁衍习性，大熊猫国家公园体制试点区整合投入资金约 46 亿元，科学有序地实施了重要栖息地恢复、生态廊道建设、科研监测等多项工程，大熊猫栖息环境得到明显改善，栖息地面积逐步扩大。各地开展的大熊猫野生种群及栖息地动态监测，逐步构建了大熊猫种群监测评估体系，建立起大熊猫种群遗传档案数据库。

地处我国腹心的大熊猫国家公园，是国家生态安全战略格局“两屏三带”的关键区。

试点区内的邛崃山、岷山、秦岭、大小相岭五大生态板块，共同构筑成一道重要的生态屏障。这里是长江、黄河重要支流的水系分界线，发挥着水源涵养、水土保持、气候调节、减少温室效应等多重生态功能。复杂多样的地貌特征和垂直自然带类型，孕育了森林、草地、高山流石滩等多种生态系统，这里是全球生物多样性最为丰富的地区之一，具有全球意义的保护价值。虽然它仅占国土面积的 0.3%，却是中国最重要的资源储备宝库，维护着全国生态平衡。

根据全国第四次大熊猫调查报告，全国野生大熊猫种群数量 1864 只，大熊猫栖息地面积 25766 平方千米，主要在中国四川、陕西和甘肃的山区，其

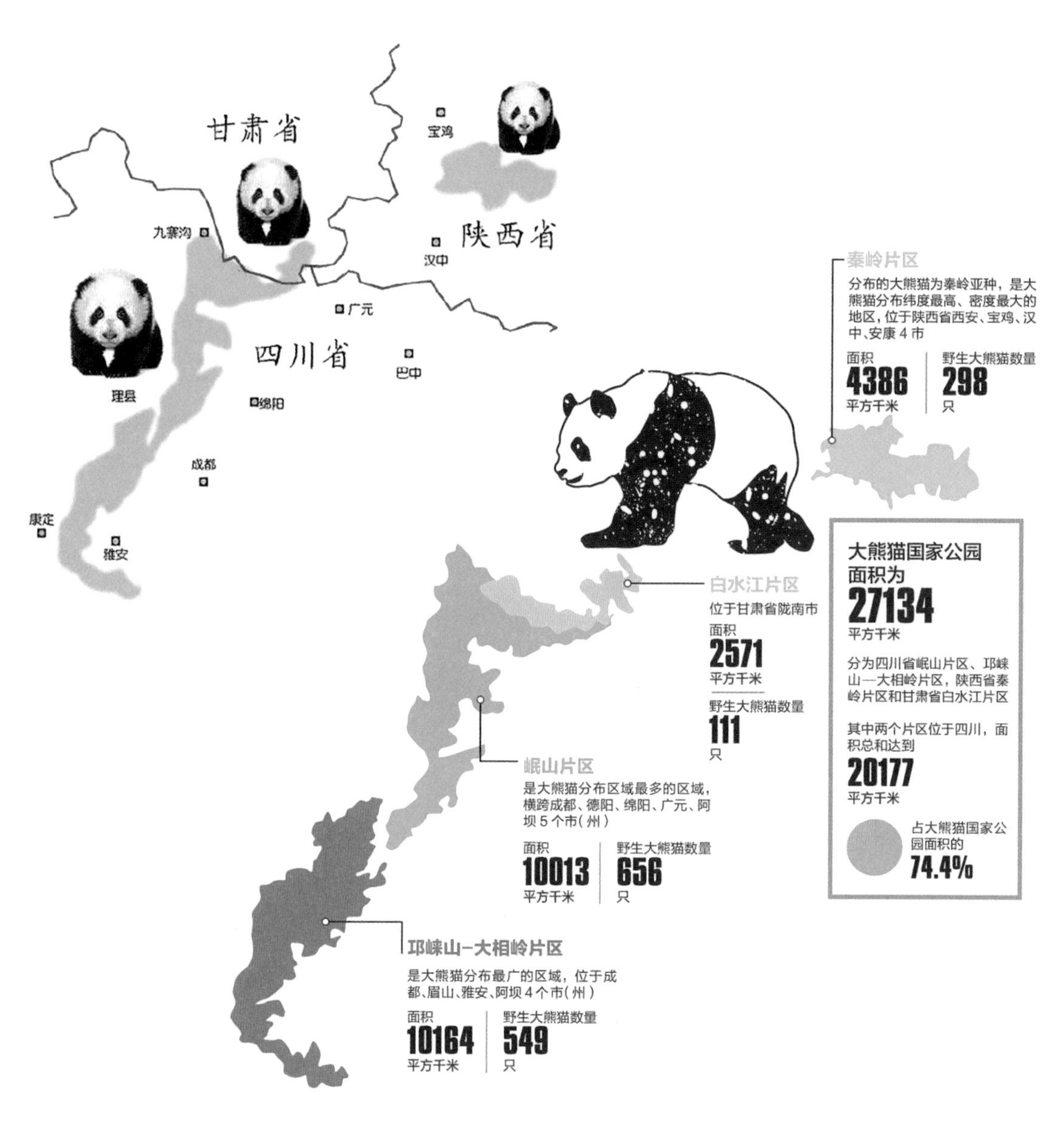

全国野生大熊猫种群和栖息地（选自费世民主编《四川竹林风景线》）

大熊猫食竹（选自费世民主编《四川竹林风景线》）

丛林间觅食的野生大熊猫（赵纳勋 摄）

中四川境内分布 78.7%。

四川被公认为“大熊猫的故乡”。值得一提的是，1961 年，联合国世界濒危野生动物基金会将大熊猫定为会徽，宝兴县用汉白玉雕刻的十余个“大熊猫”，至今仍安放在基金会总部和各分部大门前。

2. 这是一个新的生态系统治理体系的建立

大熊猫国家公园体制试点区以加强自然生态系统原真性、完整性保护为基础，维护了一个范围更大、更整体的生态平衡。通过大熊猫保护工作，雪豹、川金丝猴、绿尾虹雉、朱鹮、珙桐、红豆杉等 8000 多种野生动植物也得以保护。试点期间，开展了生物多样性本底调查和监测，掌握了野生动植物种群基本情况和变化趋势，完善了珍稀濒危野生动植物抢救保护机制，进一步实施雪豹、川金丝猴等种群保护工程，大熊猫及其生态系统得到更全面有效的保护。大熊猫国家公园体制试点区通过继续实施天然林保护、退耕还林还草、水土流失综合治理、河湖和湿地生态保护修复等重点生态工程，不断强化对试点范围内自然生态系统的全面修复与保护实施。

3. 这是一场管理体制机制的变革

试点期间，原有 82 个各级各类自然保护地打破行政区划被整合。大熊猫国家公园体制试点区所涉及的 152 个乡镇，经济收入水平整体较低，12.08 万人口现有的生产生活方式对自然资源依赖度较高，保护与发展矛盾突出。

如何与大熊猫相处，如何与大自然相处？试点期间，“共建共管共享”机制创新性地探索和运用，让大熊猫公园管理机构积极与地方政府、与社区百姓、与社会机构互动共建。通过打造园地共建先行区，引导推行高质量产业发展，推动大熊猫国家公园体制试点区融入地方发展大局，支持了地方经济转型发展。大熊猫国家公园体制试点区所在地方政府，依托试点区促进发展的热情高涨，高品质规划了一批大熊猫国家公园入口社区、特色小镇、生态体验、自然教育、生态旅游等项目，引入社会资本协议投资 500 多亿元。

从简单保护到研究性保护，从保护研究大熊猫本身到保护研究其生存的自然生态系统。大熊猫国家公园体制试点，不仅是中国大熊猫保护格局升级，还见证了中国生态文明建设的世界贡献。

（二）正式建立大熊猫国家公园

2021 年 10 月 12 日，国家主席习近平以视频方式出席在昆明举行的《生物多样性公约》第十五次缔约方大会领导人峰会并发表主旨讲话。习近平指出，为加强生物多样性保护，中国正加快构建以国家公园为主体的自然保护地体系，逐步把自然生态系统最重要、自然景观最独特、自然遗产最精华、生物多样性最富集的区域纳入国家公园体系。在这次会议上，习近平主席发布了中国首批国家公园名单，其中就有大熊猫国家公园。

雅安是大熊猫的科学发现地、模式标本产地和四川大熊猫栖息地世界自然遗产核心区，同时也是大熊猫国家公园三省 12 个市（州）中面积最大、占比最高、县份最多、山系最全的市。2017 年以来，雅安立足资源优势，以自然生态系统完整性、原真性、连通性保护为核心，以体制机制创新、生物多样性保护、社区可持续发展、自然教育为重点，先行先试，大胆探索，取得显著成效，为大熊猫国家公园的建立奠定了坚实的基础。

2018 年 10 月 29 日，在国家林业和草原局及川陕甘三省相关负责人的见证下，大熊猫国家公园管理局在成都揭牌。2019 年 1 月，大熊猫国家公园四川省管理局 7 个分局挂牌。2019 年 9 月 29 日，四川省大熊猫科学研究院成立。根据 2015 年发布的大熊猫第四次调查成果，至 2014 年，四川大熊猫栖息地面积 202.7 万公顷，占全国大熊猫栖息地总面积近八成。同期，潜在栖息地 41 万公顷，占全国大熊猫潜在栖息地总面积近一半。野生大熊猫数从 20 世纪 80 年代的 909 只增加到 1387 只，增幅超过五成。而四川共有圈养种群 387 只，同样位居全国第一。

数据统计显示，无论是栖息地面积还是种群数量，四川大熊猫占总量比例都超过 70%，是当之无愧的“大熊猫的故乡”。

大熊猫不仅代表着四川的生态文明建设成就，也汇聚了四川地域文化与特色，川竹底蕴与大熊猫文化深度融合，已成为生态文明的一道亮丽风景。

对于大熊猫国家公园的高质量推进，四川省人大代表张志和的理解是：从现在到未来，在规划先行的基础上，继续推进大熊猫栖息地保护和恢复、法规保障、创新和落实管理体制机制、以科技为支撑的有效保护，同时还要做好社会发展与全民共享，才能高质量建设大熊猫国家公园。

四川省人大代表王鸿加指出，大熊猫国家公园规划面积 2.2 万平方千米，其中四川 1.93 万平方千米，约占总面积的 88%，所以在建设大熊猫国家公园中，四川将起主体作用。四川省 2022 年度政府工作报告指出，高质量建设大熊猫国家公园，其中的“高质量建设”就是对四川省提出的明确要求。首先，设立大熊猫国家公园是体制机制上的创新。2017 年启动试点以来，将原有的几十个各种类型的保护地整合起来，修复受损栖息地，将碎片化的栖息地串联成片，形成了一个生态系统相对完整的国家公园，管理也从过去的“九龙治水”变成现在的“一块牌子”，由一个机构统一管理。4 年试点，完成了廊道植被恢复 68 平方千米，且已经在多个廊道都监测到了野生大熊猫的活动轨迹。高质量建设大熊猫国家公园就是要保护好这个区域生态系统的原真性和完整性，保护好生物多样性，同时协调好保护和发展的关系。大熊猫国家公园保护的不仅是大熊猫，而是以大熊猫为代表的生物多样性。在四川试点区域内，就有 8000 多种伴生动植物随着大熊猫的保护而得到“伞护”。在不同生态类型中选择伞护物种，通过对伞护物种的保护，可起到保护生态系统和生物多样性的目的，这就是大熊猫保护带来的启示。比如在高原地区，针对雪豹进行保护的同时，也保护了其他同域分布的野生动植物。

第三节　保护世界自然遗产推进林业草原国家公园融合发展

一、保护世界自然遗产的中国贡献

世界遗产是全人类的共同财富，旨在共同保护全球具有突出价值的自然区域和文化遗存。世界自然遗产凝结了大自然亿万年的神奇造化，承载着人类的精神文化价值，关乎地球生态安全。中国自 1985 年加入《保护世界文化和自然遗产公约》以来，积极履行公约义务，各项工作扎实推进，有效保护了珍贵独特的自然文化遗产和自然生态环境，走出了一条中国特色的世界遗产可持续发展之路，为世界遗产保护贡献了中国智慧和中国力量。

中华民族强调天人合一、尊重自然，守护了大自然留给中国的数量众多、类型多样、特色鲜明的宝贵自然遗产资源。中国 55 项世界遗产中，自然遗产 14 项，自然与文化双遗产 4 项，数量均居世界第一，占全球同类遗产总数的 7%，总面积达 6.8 万平方千米，涵盖了自然美、地质地貌和生物生态三大突出价值，向世界呈现了“中国精彩”，同世界各国丰富多彩的自然遗产一道成为人类共同的宝贵财富，为人类提供强大的精神动力。

二、保护世界自然遗产的中国特色

经过30多年不懈努力，中国依托国家公园、自然保护区、风景名胜区等自然保护地，建立了由国家主管部门、地方人民政府及主管部门、遗产地管理机构构成的三级管理机构和人才队伍，以及行之有效的综合管理体系，形成了中国特色的遗产保护管理模式。

（一）坚持规划引领，严格依法保护。各世界自然遗产地均制定了保护管理规划，并按此开展保护、科研、利用和管理工作。制定了与世界自然遗产保护密切相关的全国性法律法规10余部，地方性法规或规章20余部。建立卫星遥感监测体系，开展定期监测和保护管理执法检查，各遗产地依法加强保护管理。

（二）坚持政策引导，突出因地制宜。通过特许经营、生态补偿、生活补助以及适度旅游，带动了社区民生改善和当地经济社会发展，促进了绿色发展转型。2018年，各遗产地旅游直接收入达143.75亿元。结合国情省情，中国丹霞与南方喀斯特系列世界自然遗产通过设立保护管理协调委员会实现跨区域协同保护管理；在经济发达、人口稠密地区建立中国黄（渤）海候鸟栖息地，为全球这类自然遗产的保护和管理提供中国方案。

（三）坚持科教宣传，推动公众参与。设立了“文化和自然遗产日”，社会各界对世界自然遗产的认知和保护意识逐步提升，公众参与、支持和保护世界自然遗产的热情日益高涨。据统计，世界自然遗产地累计接受社会捐款2400余万元，16处遗产地成立了固定的志愿者队伍。各自然遗产地共建立各类教育基地46个，其中国家级23个，通过开展遗产宣传、科普教育等活动，不仅激发了广大公众，特别是青少年对自然文化的探索热情，也促进了全社会对祖国壮丽河山和历史文化的了解热爱，增进了国家认同感和民族自豪感。

（四）坚持交流合作，提升履约能力。积极学习借鉴国外遗产管理先进经验，加强人才交流，开展务实合作，12处自然遗产地与国外遗产地、国家公园等结成友好单位。积极参与国际事务，形成了《峨眉山宣言》《联合国教科文组织名录遗产地与可持续发展黄山宣言》《丹霞地貌全球研究宣言》《澄江宣言》等一系列具有影响力的国际宣言。

三、加快建立以国家公园为主体的自然保护地体系

中国自然遗产事业持续健康发展，得益于中国政府对生态建设的高度重视，得益于社会公众对生态保护的大力支持。特别是党的十八大以来，以习近平生态文明思想为指引，中国把生态文明建设提到前所未有的高度，自然遗产保护管理进入了新的历史发展阶段。2018 年中国国家机构改革，将国家公园、自然保护区、风景名胜区等各级各类自然保护地划归国家林业和草原局统一监督管理。今后一个时期，国家林业和草原局将坚持以习近平生态文明思想为指导，认真践行绿水青山就是金山银山理念，按照山水林田湖草沙系统治理要求，全面保护森林、草原、湿地等自然生态系统，加快建立以国家公园为主体的自然保护地体系，努力提升中国的遗产保护发展水平，让人类共同的财富世代相传、永续利用，为建设生态文明和美丽中国创造更好的生态条件。国家林业和草原局（国家公园管理局）局长关志鸥提出要着力做好以下工作：

一是全面加强遗产资源保护。坚持生态优先、保护优先，完善世界自然遗产保护相关的法律、制度框架，全面保护自然遗产地的重要自然资源。继续通过实施自然保护地建设、天然林资源保护、湿地保护与修复治理、退耕还林还草还湿等重点生态工程，加大对自然遗产地生态保护和修复的支持力度。加强森林、草原、湿地等自然资源监督管理，坚决杜绝自然遗产地盲目利用和过度开发行为，防止自然资源退化和生态破坏，切实维护遗产地的完整性和原真性。

二是加快建立中国特色的自然保护地体系。中国的世界自然遗产大多分布在国家公园、自然保护区、风景名胜区等自然保护地。我们将按照中共中央办公厅、国务院办公厅《关于建立以国家公园为主体的自然保护地体系的指导意见》，整合交叉重叠的自然保护地，归并优化相邻自然保护地，着力构建分类科学、布局合理、保护有力、管理有效的以国家公园为主体的自然保护地体系，为世界自然遗产系统性的保护和管理提供有力支撑。

三是妥善处理保护与利用的关系。突出世界自然遗产的国际性和公益性，在保护的基础上协调各方面加大对遗产地及所在地区经济社会文化发展的支持力度，提高自然遗产地自我发展能力，进一步降低经济社会发展对遗产地资源的依赖。坚持保护优先、生态为民、科学利用，正确处理保护与发展、

遗产地与周边社区的关系，加快建立多方合作共赢机制，积极发展生态旅游，使遗产地所在区域及周边社区群众公平地获得可持续发展机会，提升各方面保护自然遗产的自觉性和积极性。

四是深入开展国际交流合作。主动融入世界遗产事业发展，与联合国教科文组织等国际组织深度合作，科学组织遗产申报工作，完善专家参与咨询决策机制，强化中国世界遗产预备名单的培育和预备项目库建设，实施动态更新和管理，全面提升世界遗产申报管理水平。中国作为负责任的缔约国，将切实履行公约，主动参与相关国际事务，积极引进国际先进理念和成熟技术，分享中国成功经验，共同推动全球世界自然遗产事业可持续发展。

第四节　为全球生态文明建设贡献中国力量

一、中国生态文明建设为全球可持续发展贡献力量

宇宙只有一个地球，人类共有一个家园。每年的 6 月 5 日是世界环境日，2021 年的主题为“生态系统恢复”，聚焦“恢复人类与自然的关系”。2021 年世界环境日中国主题是“人与自然和谐共生”。

2021 年 6 月 5 日，国家主席习近平致信祝贺世界环境日主题活动在巴基斯坦伊斯兰堡举办，强调世界是同舟共济的命运共同体，国际社会要以前所未有的雄心和行动，推动构建公平合理、合作共赢的全球环境治理体系，推动人类可持续发展。党的十八大以来，在习近平生态文明思想引领下，中国加强生态文明建设，深度参与国际交流与合作，切实履行气候变化、生物多样性等环境相关条约义务，为推动实现全球可持续发展贡献中国智慧和力量。

——“自然的恢复对于地球和人类的生存至关重要”

从平原到山川，从池塘到大海，生态系统构成了人类社会生存和发展的基础。“我们必须认识到，自然的恢复对于地球和人类的生存至关重要。”联合国环境规划署执行主任英厄·安诺生指出。

全球变暖、生物多样性丧失、世界上每年有 900 万人因与污染有关的疾病过早死亡……人类进入工业文明时代以来，在创造巨大物质财富的同时，

也加速了对自然资源的攫取，打破了地球生态系统平衡，人与自然深层次矛盾日益显现。

推进生态文明建设，实现人与自然和谐共生，从来没有像今天这样重要和迫切。联合国秘书长古特雷斯呼吁国际社会加强行动，应对全球性环境挑战："唯一的答案是可持续发展，它能改善人类和地球的福祉。"

在世界环境日当天，联合国"2021—2030年生态系统恢复十年"倡议正式拉开序幕。这项长达10年的倡议由联合国环境规划署和联合国粮农组织共同推进，旨在调动全球力量，遏制和扭转陆地和海洋生态系统退化，助力消除贫困、应对气候变化和保护生物多样性。

英厄·安诺生和粮农组织总干事屈冬玉发布的报告《修复的一代：为人类、自然和气候修复生态环境》引言中表示，生态环境的退化已经影响到约32亿人的福祉，相当于世界总人口的40%。每年生态系统服务价值的损失比全球经济产出总量的10%还要多。预计到2030年，全球陆地系统恢复的成本每年将高达2000亿美元。扭转生态环境退化的趋势将"带来巨大的收获"，据测算，投入生态恢复的每1美元都将创造30美元的经济效益，而"全球生态恢复的工作需要每一个人的付出"。

——"将生态文明建设融入经济社会发展建设全过程"

习近平生态文明思想，为建设美丽中国提供了方向指引和根本遵循。中国把生态文明建设摆在全局工作的突出位置，全面加强生态文明建设，一体化治理山水林田湖草沙，成效显著。

通过扩繁和迁地保护，我国目前向野外回归了206种濒危植物，其中112种为中国特有种；建立约200处植物园，系统收集保存兰科植物、苏铁、木兰等濒危植物种质资源，一些极小种群野生植物初步摆脱了灭绝风险；海南长臂猿数量从仅存2群不足10只，增长到5群33只；朱鹮从发现时的7只恢复到5000余只；藏羚羊从几万只恢复到目前的30多万只……

"十三五"期间，环境空气达标城市数量、优良天数比例提升，地表水水质优良断面比例持续提升，水质优良海域面积比例持续提升……在中国，"绿水青山就是金山银山""良好生态环境是最普惠的民生福祉""用最严格制度最严密法治保护生态环境"等理念深入人心。

2021年4月，习近平主席在出席领导人气候峰会时强调："自然遭到系统性破坏，人类生存发展就成了无源之水、无本之木。我们要像保护眼睛一

海南森林景观（刘俊 摄）

样保护自然和生态环境，推动形成人与自然和谐共生新格局。”

中国当前正在积极建立健全绿色低碳循环发展经济体系，促进经济社会发展全面绿色转型，并以降碳为重点战略方向，推动减污降碳协同增效。坦桑尼亚《卫报》国际版主编本杰明·麦格纳如此评价：“作为最大的发展中国家，中国坚持绿色发展，将生态文明建设融入经济社会发展建设全过程，确保生态文明建设与其他各项建设协同共进。这样的决心和毅力，让世界看到中国的表率作用。”

国际应用生物科学中心高级研究员斯特凡·特普弗表示：“从中国的生物多样性、污染物排放治理以及能源结构等方面来说，中国加大对环境保护以及碳减排的投入，将给全世界带来深远影响。”

——“中国理念将有力推动世界可持续发展”

“作为全球生态文明建设的参与者、贡献者、引领者，中国坚定践行多边主义，努力推动构建公平合理、合作共赢的全球环境治理体系。”习近平主席指出，“气候变化带给人类的挑战是现实的、严峻的、长远的。但是，我坚信，只要心往一处想、劲往一处使，同舟共济、守望相助，人类必将能够应

山西省太岳山国有林区灵空山保护区（刘俊 摄）

对好全球气候环境挑战，把一个清洁美丽的世界留给子孙后代。”

在风景秀丽的肯尼亚内罗毕国家公园，列车在肯尼亚蒙巴萨至内罗毕标准轨铁路上飞驰，大象、长颈鹿等动物悠然地从桥梁式动物通道下通过。在匈牙利考波什堡，由中国企业投资兴建的光伏电站项目正式投运，为当地促进清洁能源发展、改善能源结构提供助力……

截至 2020 年年底，中国与 100 多个国家开展生态环境国际合作及交流，与 60 多个国家、国际及地区组织签署约 150 项生态环境保护合作文件……作

为最大的发展中国家，中国既是生态文明的践行者，也是推动全球环境治理的行动派。从推动《巴黎协定》生效实施，到设立气候变化南南合作基金，从发起建立“一带一路”绿色发展国际联盟，到将绿色发展合作计划纳入中非“八大行动”，从明确“碳达峰”“碳中和”的时间表和路线图，到承办《生物多样性公约》第十五次缔约方大会，中国用一系列实实在在的举措，向世界分享绿色发展的成功经验，发出共谋全球生态文明之约。

斐济南太平洋大学学者卡什米尔·马昆感慨：“与中国一道加强南南合作

使太平洋岛国受益匪浅，中国的相关应对经验已通过区域与全球性合作平台被许多发展中国家共享。”古巴国际政治研究中心研究员爱德华多·雷加拉多表示，各国需要推动全球发展向绿色低碳转型，“中国理念将有力推动世界可持续发展”。巴西中国问题研究中心主任罗尼·林斯评价：“中国无疑是全球环境治理体系的重要参与者、贡献者和引领者。”

自然美景，既带给人们美的享受，也是人类走向未来的依托。人不负青山，青山定不负人。面对生态环境挑战，人类是一荣俱荣、一损俱损的命运共同体。人类只有并肩同行，才能让绿色发展理念深入人心、全球生态文明之路行稳致远。

二、为构建人与自然生命共同体贡献中国力量

习近平主席指出，“面对全球环境治理前所未有的困难，国际社会要以前所未有的雄心和行动，勇于担当，勠力同心，共同构建人与自然生命共同体。”

自然孕育了人类，人类生存发展离不开自然。人类的实践活动也给原始自然打上了深深的烙印，人与自然共同组成了一个高度复杂的“复合生态系统”。党的十九大报告强调，“人与自然是生命共同体，人类必须尊重自然、顺应自然、保护自然”。中国以生态文明思想为指导，贯彻新发展理念，以经济社会发展全面绿色转型为引领，以绿色低碳发展为核心，坚持走生态优先、绿色低碳的发展道路。

面对生态保护和经济发展的考题，中国以身作则进行节能减排、转型升级，在阵痛中前行，加速经济社会绿色转型。给长江留白、为生态让路，沿江绿色生态廊道奏响新时代的长江之歌；荒漠披上绿衣，越来越多的地表破碎地被修复，林草植被及生态系统得到保护，“绿色长城”不断在神州大地延伸……从对全球臭氧层保护贡献最大的国家，到世界最大的人工林面积、世界节能和利用新能源第一大国，再到治理大气污染速度最快的国家、全世界污水处理能力最强的国家之一，中国的绿色行动对世界产生了巨大的正向推动。

中国宣布：力争2030年前实现碳达峰、2060年前实现碳中和。这意味着中国作为世界上最大的发展中国家，将完成全球最高碳排放强度降幅，用

全球历史上最短的时间实现从碳达峰到碳中和。2021 年 7 月 16 日，全国碳排放权交易市场上线，它将成为全球最大的碳排放交易市场，在构建人与自然生命共同体中，中国有担当、有作为。

作为全球生态文明建设的参与者、贡献者、引领者，中国坚定践行多边主义，努力推动构建公平合理、合作共赢的全球环境治理体系。中国将生态文明领域合作作为共建“一带一路”重点内容，发起了系列绿色行动倡议，采取绿色基建、绿色能源、绿色交通、绿色金融等一系列举措，持续造福参与共建“一带一路”的各国人民。中国成功举办了昆明《生物多样性公约》第十五次缔约方大会等重要多边议程，为打造全球环境治理新格局作出中国

山西省吕梁山国有林区（刘俊 摄）

贡献。

推动人与自然的和谐共生是国家富强、民族复兴、人民幸福、人类永续发展的前提。正因如此，也要树立共治、共享的全民参与意识。当下的中国，义务植树同为共识，习近平总书记连续10年参加首都义务植树活动。从开展光盘行动，到推广节能家电，再到垃圾分类、资源回收、减少一次性餐具，从细处入手，推动全社会形成更绿色、更环保的新风尚，让“人与天地万物为一体”的认识更加深入人心。

中华传统文化中“天人合一”哲学思想体系的核心是视人与自然为一个生命共同体和道德共同体，以实现人与自然的和谐为最高理想。通过林业草原国家公园融合发展加快构筑尊崇自然、绿色发展的生态体系，共同建设美丽地球家园，使“生产、生活、生态、生机”相得益彰，为构建人与自然生命共同体贡献中国力量。

山西省中条山林区历山国家级自然保护区（刘俊 摄）

三、为共建世界生态文明贡献中国力量

自 1995 年起，联合国每年都会召开一次《联合国气候变化框架公约》（以下简称《公约》）缔约方大会，为应对全球气候变化、探索后工业时代的可持续发展之路汇聚各方共识。1997 年，旨在限制发达国家温室气体排放量的《京都议定书》经过多轮谈判艰难达成，但美国拒绝批准，加拿大于 2011 年宣布退出。2009 年，因发达国家与发展中大国减排目标分歧严重，哥本哈根气候大会险些无果而终。

2015 年 11~12 月，《公约》第 21 次缔约方会议在巴黎拉开帷幕。大会开幕式上，习近平主席引用中国先贤智慧“万物各得其和以生，各得其养以成”，呼吁各国坚定信心、齐心协力，携手构建合作共赢、公平合理的气候变化治理机制。会上，中国主动与美国、欧盟等主要发达国家密切沟通，协调关键政策立场；通过“基础四国”“立场相近发展中国家”“77 国集团 + 中国”等谈判集团，加强发展中国家内部的团结与合作。

最终，国际社会达成涵盖目标、减缓、适应、损失损害、资金、技术、能力建设、透明度等 29 条内容的《巴黎协定》，为 2020 年后全球应对气候变化提供重要法律遵循。中国的积极行动为推动达成具有重大历史意义的《巴黎协定》发挥了关键作用。时任大会主席法比尤斯表示："人们经常问我气候变化巴黎大会成功的原因，而我总是强调，如果没有中国的积极支持，《巴黎协定》就不可能达成。"中国为《巴黎协定》的生效、落实同样发挥重要作用。《巴黎协定》成为历史上批约生效最快的国际条约之一。联合国驻华协调员罗世礼称，中国在履约方面发挥了重要作用，中国的领导力和承诺对实现协定目标至关重要。

绿水青山就是金山银山。中国生态文明建设目标高远、承诺庄严、行动坚决、成就不凡。联合国粮农组织报告显示，1990 年至 2020 年，全球共有 4.2 亿公顷森林遭到毁坏，中国的森林草地面积却逆势增长 3300 万公顷。美国国家航空航天局（NASA）数据显示，21 世纪前 20 年，中国贡献了全球 1/4 的新增绿化面积。如今，中国已成为世界节能和利用新能源、可再生能源第一大国，清洁能源投资连续多年位列全球第一。自 2000 年以来，中国可再生能源装机容量增长 800% 以上。全球 1/3 的太阳能发电厂和风力涡轮机都位于中国，全球一半的乘用电动汽车行驶在中国的公路上。预计到 2035 年，新能源汽车销量将占中国市场份额 50% 以上，纯电动汽车销量将占新能源汽车的 95% 以上。

这些成绩的背后是中国一以贯之的绿色发展理念和艰苦卓绝的生态环境保护行动。生态文明已写入《中华人民共和国宪法》《中国共产党章程》。生态文明建设被纳入"五位一体"总体布局。2020 年 9 月，习近平主席在第七十五届联合国大会一般性辩论上宣布，中国二氧化碳排放力争于 2030 年前达到峰值，努力争取 2060 年前实现碳中和。中国的承诺重新燃起了全球应对气候变化的希望，成为全球绿色政策的催化剂。2021 年 3 月，中国十三届全国人大四次会议审议通过十四五规划和 2035 年远景目标纲要，"推动绿色发展、促进人与自然和谐共生"作为单独章节列入其中。后疫情时代，中国不仅将引领全球经济绿色复苏，也将为全球气候治理作出更大贡献。

以自然之道，养万物之生。2021 年 10 月，《生物多样性公约》第十五次缔约方大会在中国昆明举行，会议以"生态文明：共建地球生命共同体"为主题，探讨全球生物多样性保护新方略，凝聚人与自然和谐共生新共识。

生态兴则文明兴，生态衰则文明衰。从法国巴黎到中国昆明，中国绿色发展的实践稳扎稳打，一步一个脚印。站在“两个一百年”奋斗目标的历史交汇点上，中国将继续携手世界各国，共同探寻人与自然和谐共生之道，让“江碧鸟逾白，山青花欲燃”的诗意美景永驻人间。

参考文献

陈建成. 推进绿色发展实现全面小康——绿水青山就是金山银山理论研究与实践探索 [M]. 北京：中国林业出版社，2018.

费世民. 中国西部脆弱生态区生态修复研究 [M]. 北京：中国林业出版社，2020.

傅光华，等. 林长制体系构建探索 [M]. 北京：中国林业出版社，2022.

傅光华. 生态文明建设的体制因素——流域生态治理理论与实践 [M]. 北京：中国林业出版社，2021.

国家林业和草原局. 中国森林资源报告（2014—2018）[M]. 北京：中国林业出版社，2019.

国家林业局. 党政领导干部生态文明建设读本 [M]. 北京：中国林业出版社，2014.

国家林业局. 党政领导干部生态文明建设简明读本 [M]. 北京：中国林业出版社，2020.

国家林业局. 绿水青山——建设美丽中国纪实 [M]. 北京：中国林业出版社，2015.

国家林业局. 中国的绿色增长——十六大以来中国林业的发展 [M]. 北京：中国林业出版社，2012.

国家林业局. 中国林业工作手册 [M]. 2 版. 北京：中国林业出版社，2017.

江泽慧. 生态文明时代的主流文化——中国生态文化体系研究总论 [M]. 北京：人民出版社，2013.

莱斯特·R. 布朗. 生态经济：有利于地球的经济构想 [M]. 林自新，等，译. 北京：东方出版社，2002.

水利部农村水利司. 新中国农田水利史略：1949—1998 [M]. 北京：中国水利水电出版社，1999.

习近平. 高举中国特色社会主义伟大旗帜 为全面建设社会主义现代化国家而团结奋斗：在中国共产党第二十次全国代表大会上的报告 [M]. 北京：人民出版社，2022.

习近平. 决胜全面建成小康社会夺取新时代中国特色社会主义伟大胜利：在中国共产党第十九次全国代表大会上的报告 [M]. 北京：人民出版社，2017.

新华社. 中国共产党第十九次中央委员会第六次全体会议公报 [M]. 北京：人民出版社，2021.

中共中央党校. 习近平新时代中国特色社会主义思想基本问题 [M]. 北京：人民出版社，中共中央党校出版社，2021.

中共中央文献研究室. 习近平关于社会主义生态文明建设论述摘编 [M]. 北京：中央文献出版社，2017.

中共中央宣传部. 习近平新时代中国特色社会主义思想学习纲要 [M]. 北京:学习出版社,人民出版社,2019.

曹世雄. 陈莉,郭喜莲. 试论人类与环境相互关系的历史演递过程及原因分析 [J]. 农业考古,2001(1):35-37.

傅光华,傅崇煊. 退耕还林工程生态效益指标量化方法及效益评估 [J]. 林产工业,2017,44(12):28-32.

傅光华. 干旱半干旱流域下垫面植被影响水循环机理及干预方式 [J]. 绿色科技,2022,24(8):1-6.

傅光华. 驱动生态异变机制及生态文明建立的体制因素 [J]. 中文科技期刊数据库(全文版)社会科学,2022,3(1):61-66.

高世楫,俞敏. 中国提出"双碳"目标的历史背景、重大意义和变革路径 [J]. 新经济导刊,2021(2):4-8.

黄坤明. 习近平中国特色社会主义思想实现马克思主义中国化新的飞跃 [J]. 新华月报,2021,12(24):11-19.

姜喜山. 我国速生丰产用材林基地建设的现状、问题与对策 [J]. 中国林业产业,2004(1):45-47.

刘先银."万物各得其和以生,各得其养以成"——中华传统经典的生态哲学思考 [J]. 新华月报,2022(1):78-79.

刘先银. 生态文明建设的总体要求目标重点制度体系——解读《中共中央国务院关于加快推进生态文明建设的意见》[J]. 节约能源资源,2016(增刊):24-27.

任怡,王义民. 基于多源指标信息的黄河流域干旱特征对比分析 [J]. 自然灾害学报,2017,26(4):106-115.

孙文涛. 生态文明建设和经济高质量发展分析 [J]. 财经界,2021(9):26-27.

郑子彦,吕美霞,马柱国. 黄河源区气候水文和植被覆盖变化及面临问题的对策建议 [J]. 中国科学院院刊,2020,35(1):61-72.

北京市习近平新时代中国特色社会主义思想研究中心. 见证全面建成小康社会伟大成就 [N]. 经济日报,2021-09-30.

本报评论员. 弘扬塞罕坝精神,把我们伟大的祖国建设得更加美丽——论中国共产党人的精神谱系之三十八 [N]. 人民日报,2021-11-16.

曾鸣. 构建综合能源系统 打好实现碳达峰碳中和这场硬仗 [N]. 人民日报,2021-07-28.

陈茂山. 三江源重大生态保护和修复工程深入推进 [N]. 人民日报,2021-11-12.

陈若松,余文. 推动绿色发展迈上新台阶 [N]. 经济日报,2021-08-02.

陈文锋. 推动生态文明建设迈上新台阶 [N]. 经济日报,2021-08-04.

戴厚良. 深入学习贯彻习近平生态文明思想为建设能源强国贡献力量 [N]. 学习时报,2022-01-21.

范恒山. 文化让城市更美好 [N]. 人民日报,2021-11-22.
傅凯华. 推动中华优秀传统文化创造性转化创新性发展 [N]. 光明日报,2021-11-25.
高润喜. 发挥绿色生态优势 实现高质量发展 [N]. 金台资讯,2022-01-27.
耿建扩,陈元秋. 绿水青山造福人民——塞罕坝精神述评 [N]. 光明日报,2021-11-17.
龚维斌. 以习近平生态文明思想引领新时代生态文明建设 [N]. 光明日报,2022-08-26.
光明日报编辑部. 我们党的百年奋斗史就是为人民谋幸福的历史 [N]. 光明日报,2021-06-25.
国家林业和草原局. 大熊猫国家公园:见证中国生态文明建设的世界贡献 [N]. 中国绿色时报,2020-08-14.
国家林业和草原局. 国家森林城市建设成就综述 [N]. 经济日报,2019-11-18.
何忠国. 抹去一片荒漠 挺起一种精神 [N]. 学习时报,2021-08-27.
贺高祥,文传浩. 以系统思维推进国家公园建设 [N]. 光明日报,2021-11-17.
胡金焱. 以新发展理念推动黄河流域生态保护和高质量发展 [N]. 光明日报,2021-11-17.
胡敏. 三江源·祁连山·青海湖 [N]. 学习时报,2021-06-18.
黄承梁. 深入探讨生态文明建设重大问题—— "百年中国共产党生态文明建设历程和经验学术研讨会" 述要 [N]. 人民日报,2021-07-29.
黄润秋. 把碳达峰碳中和纳入生态文明建设整体布局 [N]. 学习时报,2021-11-17.
黄守宏. 生态文明建设是关乎中华民族永续发展的根本大计(深入学习贯彻党的十九届六中全会精神)[N]. 人民日报,2021-12-14.
黄志斌. 走向生态文明新时代 [N]. 人民日报,2019-07-12.
姜昱子. 人与自然和谐共生的实践路径 [N]. 光明日报,2021-09-03.
解建立. 积极保障优质生态产品有效供给 [N]. 经济日报,2020-11-24.
经济日报课题组. 习近平经济思想研究评述 [N]. 经济日报,2021-11-29.
寇江泽. 推动全国碳市场平稳健康发展 [N]. 人民日报,2021-11-22.
李馥伊,杨长湧. 携手构建人类命运共同体的伟大实践——论高质量共建 "一带一路" [N]. 经济日报,2021-11-09.
李慧. 中国人工林建设的成就与启示:全球增绿的中国贡献 [N]. 光明日报,2019-08-08.
李毅. 理解共同富裕的丰富内涵和目标任务 [N]. 人民日报,2021-11-11.
李永胜. 携手共建地球生命共同体的中国方案 [N]. 人民日报,2021-12-02.
刘毅. 弘扬塞罕坝精神推进生态文明建设 [N]. 人民日报,2021-11-16.
刘毅. 有力有序降碳促进高质量发展 [N]. 人民日报,2021-12-07.
陆小成. 以史为鉴 持续推动美丽中国建设 [N]. 光明日报,2021-11-22.
马建堂. 在高质量发展中促进共同富裕 [N]. 人民日报,2021-11-10.
潘家华,黄承梁. 建设人与自然和谐共生的现代化 [N]. 人民日报,2021-06-09.
潘家华. 坚持绿色发展 [N]. 求是,2015-12-01.
潘家华. 绿色,全面小康的鲜明底色 [N]. 经济日报,2020-08-13.

潘家华. 碳中和引领人与自然和谐共生 [N]. 光明日报,2021-12-29.
潘家华. 推进 “绿色化” 谋划新格局 [N]. 经济日报,2015-05-21.
潘家华. 以习近平生态文明思想为指导建设美丽中国 [N]. 光明日报,2019-03-26.
彭文生. 用科技创新推动绿色转型——奋进 “十四五”,建设美丽中国 [N]. 人民日报,2021-10-08.
乔清举. 习近平的生态文明 [N]. 红旗文摘,2016-07-28.
盛玉雷. 让青山常在、绿水长流、空气常新 [N]. 人民日报,2021-09-01.
施红,程静. 在高质量发展中扎实推进共同富裕 [N]. 光明日报,2021-10-26.
孙金龙,黄润秋. 坚持以习近平生态文明思想为指引深入打好污染防治攻坚战 [N]. 人民日报,2021-12-06.
孙金龙. 深入学习贯彻习近平生态文明思想 加快构建人与自然和谐共生的现代化 [N]. 学习时报,2022-01-28.
孙秀艳. 协力共建地球生命共同体 [N]. 人民日报,2021-10-19.
孙要良. 以系统观念引领新发展阶段生态文明建设 [N]. 中国环境报,2021-01-20.
汤俊峰. 新时代对历史文化的创造性转化 [N]. 经济日报,2021-12-31.
汪晓东,刘毅,林小溪. 让绿水青山造福人民泽被子孙——习近平总书记关于生态文明建设重要论述综述 [N]. 人民日报,2021-06-03.
王丹,熊晓琳. 以绿色发展理念推进生态文明建设 [N]. 红旗文稿,2017-01-11.
王仕国. 深刻把握 “三个敬畏” 的唯物史观意蕴 [N]. 光明日报,2022-01-13.
吴晓丹. 人类命运共同体建设向着光明前景进发 [N]. 解放军报,2021-12-08.
夏文斌,蓝庆新. 建立健全碳交易市场体系 [N]. 光明日报,2021-08-03.
肖玉明. 正确把握生态文明建设六个关系 [N]. 学习时报,2020-09-16.
谢春涛. 中国共产党如何建设社会主义现代化强国 [N]. 光明日报,2022-01-19.
谢地. 协调发展是评价高质量发展的重要标准和尺度 [N]. 经济日报,2021-11-16.
徐步. 构建人类命运共同体是时代要求历史必然 [N]. 学习时报,2021-07-23.
徐鹏. 为全球生态文明发展贡献中国智慧与中国方案 [N]. 贵州日报,2018-07-17.
杨国宗. 坚持绿水青山就是金山银山的理念走以绿色为底色的高质量发展之路 [N]. 人民日报,2021-12-28.
杨洁篪. 推动构建人类命运共同体 [N]. 人民日报,2021-11-26.
叶传增. 人民日报现场评论:绿色发展释放生态红利 [N]. 人民日报,2020-12-23.
殷鹏. 给子孙后代留一个清洁美丽世界 [N]. 人民日报,2021-07-29.
俞懿春. 中国生态文明建设为全球可持续发展贡献力量 [N]. 人民日报,2021-06-06.
袁绍光. 习近平总书记强调的 “一盘棋” [N]. 学习时报,2022-01-10.
张进财. 紧紧依靠人民不断造福人民 以人民为中心建设美丽中国 [N]. 人民日报,2021-06-18.
张文. 释放绿色发展的潜力 [N]. 人民日报,2021-06-04.

张晓旭.新型城镇化为构建新发展格局积蓄动能[N].经济日报,2022-01-19.
张雅勤.赢得民心、守住人心:乡村建设行动的关键所在[N].光明日报,2022-01-21.
赵建军.新时代推进生态文明建设的重要原则[N].光明日报,2019-02-11.
赵渊杰.从中华优秀传统文化中汲取生态智慧[N].人民日报,2021-11-12.
中国宏观经济研究院课题组.以人民为中心贯彻新发展理念[N].经济日报,2022-01-10.
中国社会科学院生态文明研究智库.开辟生态文明建设新境界[N].人民日报,2018-08-22.
周树春.中国式现代化的人类文明史意涵[N].北京日报,2022-01-10.
《思想政治工作研究》评论员.人不负青山 青山定不负人[EB/OL].学习强国,2021-11-22,https://article.xuexi.cn/articles/index.html?art_id=5713470752634295256&t=1637314095850&showmenu=fal.
崔丽,谢学军,洪秋妹.中国花卉产业发展情况调研报告[EB/OL].中国农网,2020-10-19,http://www.chyxx.com/research/202011/907062.html.
关志鸥.保护世界自然遗产 推进生态文明建设[EB/OL].国家林业和草原局政府网,2021-07-17,https://www.forestry.gov.cn/main/586/20210717/160342855719074.html.
郝思斯.绿色转型实质是发展范式变革——对话中国社会科学院生态文明研究所所长张永生[EB/OL].中央纪委国家监委网站,2021-11-09,https://huanbao.bjx.com.cn/news/20211109/1186808.shtml.
胡璐.如何以“林长制”促进“林长治”?——专访国家林业和草原局党组书记、局长关志鸥[EB/OL].新华社,2021-01-12,https://www.forestry.gov.cn/main/3957/20210113/085237834708753.html.
湖南省林业局.吴剑波在全省林业宣传暨生态文化建设工作会议上的讲话[EB/OL].湖南省林业局网,2021-01-04,http://lyj.hunan.gov.cn/lyj/xxgk_71167/ldjh/202101/t20210104_14107924.html.
黄河委员会.黄河概况[EB/OL].黄河网,2011-08-14,http://www.yrcc.gov.cn/hhyl/hhgk/.
姜文来.“五个追求”为全球生态文明建设贡献中国智慧[EB/OL].千龙网·中国首都,2019-04-30,http://china.qianlong.com/2019/0430/3250786.shtml.
李永胜.携手共建地球生命共同体的中国方案[EB/OL].人民网,2021-12-02,https://www.workercn.cn/c/2021-12-03/6846324.shtml.
马柱国,符淙斌,等.黄河流域气候及水资源变化现状及预估[EB/OL].中国网,2020-03-09,https://m.china.com.cn/appshare/doc_1_248756_1549122.html
苏舟.为构建人与自然生命共同体贡献中国力量[EB/OL].苏州新闻网,2021-04-25,https://share.gmw.cn/politics/2021-04/25/content_34791475.html.
张云飞.新时代推进社会主义生态文明建设的政治宣言[EB/OL]. 中国社会科学网,2022-10,(cssn.cn)http://ex.cssn.cn/mkszy/yc/201902/t20190204_4822936.shtml.
赵建军.为全球生态文明建设贡献中国智慧——海外网十评十八届三中全会五周年之五[EB/OL].

海外网，2019-01-08，http://opinion.haiwainet.cn/n/2019/0108/c353596-31475328.html.
中共中央宣传部. 中宣部举行新时代自然资源事业的发展与成就新闻发布会[EB/OL]. 中新网，2022-09-20，https://www.chinanews.com.cn/shipin/spfts/20220918/4368.shtml.